ドローンを制するものはビジネスを制す！

ドローン3.0時代のビジネスハック

名倉真悟【著】

水野二千翔【編】

エムディエヌコーポレーション

はじめに

みなさんはじめまして。名倉真悟と申します。2016年にドローンのスクール「ドローン大学校」を開校し、その理事長を務めながら、ドローンビジネスに関するセミナーをこれまで約1000回にわたって開催してきました。

私はもともと、様々な企業や商品をブランディングするビジネスを行っていました。そのなかで、VC（ベンチャーキャピタル）さんとお付き合いができました。VCは今後大きな展開が期待されるビジネスの知識が豊富。お話をするうちに、よく耳にするようになったのがドローンでした。ドローン業界を実際に調べると、市場規模はまだまだであるものの、**今後確実に伸びていくことが見込める業界**だとわかりました。それが2014年頃のお話です。

時を同じくして、アメリカのロックバンド・OK Goが「I Won't Let You Down」のミュージックビデオを発表。ドローンを活用し、カメラが浮き上がり雲の上まで飛んでいく映像に驚きつつ、同時に考えたのが**「ヘリコプターによる撮影の仕事はドローンに代えられる」**ということ。**ドローン業界が発展すると確信した瞬間**です。

業界が発展するためには人材が必要です。しかし当時の日本には、ドローンスクールがほとんどありません。そこで私は、ドローンビジネスを指導するため、ドローン大学校を設立したわけです。

これまで**1000人以上**の修了生をご指導しましたが、**約60%が40代以上の方たち。ドローンを第2の人生におけるビジネスの柱**にという方は多いです。

取り組めるビジネスの種類も多様。空撮、農業、点検、測量をはじめ、最近は物流や警備でも活用する動きが活発です。さらに、2025年に開催される大阪・関西万博ではドローンの仲間である「空飛ぶクルマ」がメインコンテンツとなります。何より心強いのが、こういったドローンや空飛ぶクルマを利用したビジネスは、**政府が後押し**しているのです。私自身、今後の伸展を見越して、**2023年からドローンを使用した警備ビジネスを始めています**。

絶対に発展し、なおかつ政府のお墨付きもあるドローンビジネス。この本を読み終わる頃には、きっとその魅力を理解し、参入したい気持ちになっていただけることでしょう。

一般社団法人ドローン大学校　理事長　名倉真悟

ドローン3.0時代のビジネスハック

CONTENTS

第5章

来るドローン3.0時代のビジネスハック

第6章

ドローンビジネスの未来が見えるインタビュー

最終章

ドローンビジネスのトップをねらえ！

第1章

ドローン&空飛ぶクルマでビジネスチャンスが広がる!

3.0時代の衝撃！ ドローンビジネスの変遷とは!?

ドローン1.0のビジネス

ここ数年、「ドローン」という言葉をよく聞くようになりました。でも、その印象は人によってまちまちではないでしょうか。四角い箱にプロペラが4つほど付いているものを想像する人がいるかもしれません。でも、ニュースを見ていると、飛行機と見た目が変わらないものをドローンと紹介していることもあります。

新聞を読んでいると、ドローンの注記の仕方も様々見かけます。（無人機）であったり、（小型無人機）であったり……。小型と付くということは、大きさが関係あるのかもしれません。中には（無人航空機）という表記もあります。

じつは飛行機やヘリコプターといった、航空機の運航の安全など空におけるルールを定めた法律である**「航空法」**では、第1章に**ドローンを「無人航空機」**として定義した箇所[1]があります。ここからわかるのは、航空法では、

1 この法律において「無人航空機」とは、航空の用に供することができる飛行機、回転翼航空機、滑空機、飛行船その他政令で定める機器であつて構造上人が乗ることができないもののうち、遠隔操作又は自動操縦（プログラムにより自動的に操縦を行うことをいう。）により飛行させることができるもの（その重量その他の事由を勘案してその飛行により航空機の航行の安全並びに

・形は**飛行機でも**、回転翼航空機、いわゆる**ヘリコプターでもよい**。
・構造上、人が乗ることができないもの。これは座席の有無に関係なく、**人が乗れない大きさ、能力、性能かどうか**で判断されます。
・リモコンなど**遠隔操作する機械**を使って、思うように操縦することができる。
・事前に飛行ルートなどをプログラミングして、**離陸から着陸まで自動的に飛行**させることができる。

という特徴を持つもののことをドローンと定めているのです。

また、ローター（プロペラ）が付いているドローンは、機体に設置されたローターを回転させて揚力[2]を得て飛行します。そのローターは**モーター**、つまり電動機を使用して回転させていることが多い[3]です。

これらのことから**ドローンとは「電動で飛行し、人が乗らずに遠隔操作や自動操縦で空を飛ぶもの」**であるといえます。

さて、2010年代以降、日本国内でドローンが飛び回る様子をよく見かけるようになりました。ところが当時は特に法律で定められたことが何もなく、ドローンの飛行は操縦者のマナーに頼るところが大きかったのです。そこで2015年12月10日、

地上及び水上の人及び物件の安全が損なわれるおそれがないものとして国土交通省令で定めるものを除く。）をいう。（航空法第2条22から引用）

2 簡単にいうと、機体を浮き上がらせる力。揚力が重力よりも大きくなることで、機体は空中に浮くことが可能になる。

3 ただし航空法上は無人航空機の動力についての規定がなく、モーターでもエンジンでも構わない。そのため、エンジンを動力にする無人航空機も存在する。

航空法に前述のドローンの構造に関する内容が追加されました。このほかにも**ドローンの飛行空域や飛行の方法を規制する内容**も同時に制定。ただ、これらの規制については**許可や承認を得ればドローンを飛行させられる**こともルールとして盛り込まれたため、ビジネスに活用しようという機運が盛り上がっていったのです。本書では、この航空法にドローンに関する内容が盛り込まれた**2015年前後から、ドローンを活用して行われ始めたビジネスを「ドローン1.0のビジネス」**としています。

ドローン1.0のビジネスとして代表的なものは**「空撮」「点検」「農業」**。空撮は、ここ数年テレビ番組などで見られるようになった、ロケ番組で上空から撮影している映像の撮影のことですね。点検は各地に建てられている鉄塔や送電線、あるいはソーラーパネルなどを、ドローンに搭載されたカメラを使って調べること。農業ではドローンから農薬などを散布することが代表的な使用方法です。

ドローン2.0のビジネス

ドローン1.0のビジネスでは、**ドローンを人の上空で飛行させることはできません**でした。これは航空法に定められているため[1]。ですから飛行させる際には、周囲の人を監視して注意喚起する補助者を配置したり、ドローンが飛行する場所に立て看板を設

1 第132条87には「飛行中の無人航空機の下に人の立入り又はそのおそれのあることを確認したときは、直ちに当該無人航空機の飛行を停止し、飛行経路の変更、航空機の航行の安全並びに地上及び水上の人及び物件の安全を損なうおそれがない場所への着陸その他の必要な措置を講じなければならない。」とある。これを踏まえ、国土交通省航空局発行の「無人航空機（ドローン、ラジコン機等）の安全な飛行のためのガイドライン」（2023年1月26日）では注意事項で「操縦ミスなどで無人航空機が落下した際に、下に第

置したりして、人が立ち入らないように管理する必要があります。なお、補助者には、機体の状況や天候を監視し補助者に助言することも求められます。

ドローン1.0のビジネスの多くでは、ドローンが飛行している間ずっと、ドローンの直下とその周辺に人がいないかどうかを管理しなければなりません。そのため、補助者を何人も配置しなければならない状況が多くありました。結果的に、自由なルートで長距離を飛行させることができず、**ドローンを人が目で見える範囲内、すなわち「目視内」で飛行させなければなりません**でした。

ところが様々なドローンの使用方法が考案され、各地でドローンを活用する機運が高まるなかで、人の上空で飛行させることができないなどの規制が、その活用を止めてしまうケースも見られるようになりました。

例えばイベント会場などの人出がある場所を警備するのに、高い位置からモニターすることは有効な手段。ドローンが活用できそうと予想できるのですが、人の上空で飛行させることができないため、会場の上空をドローンが縦横無尽に飛び回るという使い方はできないのです。

また、イベント会場の警備にドローンを活用しようと思っても、1機のドローンを

三者がいれば大きな危害を及ぼすおそれがあります。第三者の上空では飛行させないでください」とアナウンスしている。

飛行させるために操縦者に加えて、ドローンを監視する補助者を必要な人数だけ配置しなくてはいけません。そう考えると、むしろその人たちが会場内を警備したほうが、話が早そうです。

このようにドローンを利用しようと思っても、規制があることで活用が進められない事態が起きました。そこでドローンを人の上空で飛行できるようにし、操縦者や補助者が目視しなくても良いようにする規制緩和が図られることに。それが2022年12月5日の改正航空法の施行で実現した**「レベル4飛行」**です。これによりドローンは飛行できる場所が大幅に増え、多くの人手をかけることなく飛行できるようになりました。このような**人の上空で、あまり人手をかけずにドローンを活用して展開するビジネス**が本書で**「ドローン2.0のビジネス」**と呼ぶものです。

ドローン2.0のビジネスには**「物流」「警備」「公共利用」**といったものが挙げられ、これから発展することが期待されています。物流については後述する「2024年問題」の解決策としてドローンの利用促進が望まれています。また、人の上空でドローンが飛行できることになったことで、イベント会場などの警備や、通学路上で子供たちを見守るような公共利用が進むと見込まれています。

ただし、ドローン2.0のビジネスには、ドローンに関する**唯一の国家資格「無人航空機操縦者技能証明」**の**一等無人航空機操縦士**が必要になる場合があります。また、使用できるドローンも開発が進められているところです。今後の状況を注視しましょう。

ドローン3.0のビジネス

2025年4月から10月にかけて開催予定の**「2025年日本国際博覧会（略称：大阪・関西万博）」**。最大の目玉とされているのが**「空飛ぶクルマ」**です。「未来社会ショーケース事業出展」のなかで、会場内外に設けられた離発着場間を空飛ぶクルマが飛行して結ぶという取り組みが計画されています。

その空飛ぶクルマといわれる乗り物を見てみると、私たちが慣れ親しんだ、地面にタイヤが4つほどついた箱状のものとはかけ離れ、どちらかというと飛行機やヘリコプターに近いフォルムをしています。

ところで、なぜドローンの話をしている中で、突然空飛ぶクルマの話を始めたのかというと、**この空飛ぶクルマが町中を飛び交う時代**を、本書で**「ドローン3.0時代」**と定義しているからです。

空飛ぶクルマという言葉をよく耳にするようになりましたが、それと同じぐらい「飛行機やヘリコプターと何が違うの?」という疑問も見られるようになりました。空飛ぶクルマが飛行機やヘリコプターと決定的に異なる点は**「パイロットが乗り込まずに遠隔操作や自動操縦する」**ことです。飛行機もヘリコプターもパイロットが乗り込み、操縦して目的地まで向かいます。しかし、空飛ぶクルマではパイロットが乗らず、離発着や目的地までの航行をすべて遠隔操作や自動操縦で行うことを目指しています。大阪・関西万博ではパイロットが乗り込んで操縦することになっていますが、この成果をその後の研究開発に取り込み、技術を高めることになっています。

もうひとつ大きく異なる点として**「電動化」**が挙げられます。飛行機はエンジンを使用して推力[1]を発生させています。ヘリコプターもエンジンを使用してメインローター[2]を回転させることで、揚力や推力を得ています。一方で空飛ぶクルマは、モーターで機体各部に設置されたローターを回転させ、揚力や推力を発生させています。いま、全世界的にカーボンニュートラルが叫ばれていますが、電気の力で飛行する空飛ぶクルマは**環境にも優しい**といえますね。

空飛ぶクルマの特徴を簡単にお話ししましたが、これらって、**ドローンと一緒だと思いませんか**。パイロットが乗らずに遠隔操作や自動操縦するのも、電動というのも、

1 物体を進行方向に推し進める力のこと。

2 ヘリコプターの機体の真上に取り付けられている大きな回転翼のこと。プロペラは進行方向に対して垂直に取り付けられた回転翼のことをいう。一方、ヘリコプターやドローンが持つ、進行方向に対して平行に設置された回転翼をローターと呼ぶ。

ドローンの特徴でもあります。そうです、**空飛ぶクルマは「人が乗れるほど大きくなったドローン」**であるといえるのです。

　ドローン2.0のビジネスでは物流に注目が集まっているとお話ししました。ドローン3.0時代には**ドローンが物だけでなく、人も運ぶようになる**のです。また、人が乗れるほど大きなドローンが飛行できるのであれば、人の代わりに多くの物を積むことも容易でしょう。つまり物流もさらなる改善が期待されるのです。「ドローン3.0のビジネス」とは、**町中にこのような大型ドローンが飛び交う時代に、人や物を運ぶサービスを展開すること**なのです。

　とはいえ、まだ空飛ぶクルマどころか、ドローンが飛行しているところを見たことがない読者もいるかもしれません。本当にドローンや空飛ぶクルマが行き交う時代がくるのか、疑問に思うこともあるでしょう。でも、実はドローンや空飛ぶクルマの社会実装や研究・開発は**政府が音頭を取って行っている**のです。ではなぜ政府は、そこまでしてドローンや空飛ぶクルマに対する取り組みを進めたいのでしょうか。ヒントはドローン2.0のビジネスに登場した物流にあるのです。次のページからは、現在の物流業界についてレビューしてみましょう。

物流業界はショート寸前！

現代ではAmazonや楽天市場、Yahoo!ショッピング、あるいはＺＯＺＯＴＯＷＮといったインターネット通販サイトで買い物をすることは、当たり前になっていますね。また、２０２０年初頭から始まった新型コロナウイルス禍ではUber Eatsが流行して、食事や品物の宅配を頼むケースも増えました。

日本国内での宅配便の荷物数は、１９９２年度に約12億個でした。ところが**2022年度は50億個を**突破[1]。インターネット通販サイトでの買い物は今後も増えることが見込まれますから、**荷物数の増加はとどまることがない**でしょう。では、その荷物を運んでいるのは誰でしょうか。

そう、**人間**ですね。

結局、宅配便の荷物は今、１つ１つを人間が運んでいます。配送トラックのハンドルを握り、休む間もなく届け先を駆け回り、荷物を渡していく。小さな荷物であれば軽々

1　国土交通省「令和4年度 宅配便等取扱個数の調査及び集計方法」を参照。

運べても、大きな荷物だったらそうはいかない。必死に担いで行った届け先が不在[2]、なんてことも多い。また、物流の根幹を担うトラックは、配送拠点のある都市から届け先の都市へ、時には夜を徹して駆け抜けます。トラックドライバーは安全運転を心がけながらも、クライアントの指定した時間ぴったりに届けるなど、細やかな仕事が求められています。結果的に、**物流業界では人手不足が深刻化**しています。

「2024年問題」という言葉を聞いたことがある読者も多いでしょう。これは２０２４年１月以降、トラックドライバーの時間外労働時間の上限が年間９６０時間に制限されるというものです。その結果、**輸送能力が減少**することになってしまいます。

物流業界全体の輸送能力が減少した結果、どうなるか。皆さんがAmazonで注文した商品が、ちっとも運ばれてこない。翌日配達なんて夢のまた夢。**物流業界がショートする時代が、間もなく訪れてしまうかもしれない**のです。

2　国土交通省は毎年4月と10月に宅配便の再配達率のサンプル調査を行っている。2023年4月の調査では、宅配便のうち約11・4%が再配達となっている。

宅配便取扱個数の推移
（2013年度～2022年度）

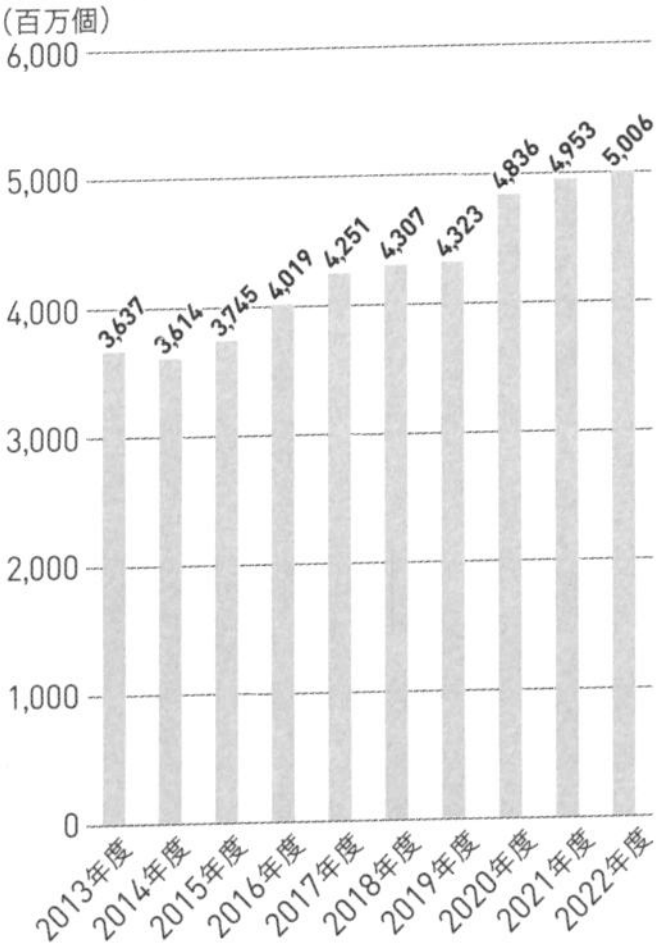

※国土交通省「令和４年度 宅配便等取扱個数の調査及び集計方法」をもとに作成

自動車の自動運転がちっとも発展しない理由《ワケ》

人手不足に陥っている物流業界。その打開策として期待されているのが**自動車の自動運転**です。

自動車の自動運転は現在0～5の各レベルに分けられており、レベルごとにドライバーが運転にどの程度介入するのか決められています[1]。ドライバーを必要とせず、**高速道路や定められた地域を自動車が完全に自動運転する状態がレベル4**[2]。市街地など、**どんなところでも自在に自動運転が可能な状態が、最も高度なレベル5**となります。

ただし、現在**レベル5を達成した自動車は存在しません**。なぜでしょうか。

自動車や自転車、歩行者などが行き交う市街地を想像してみてください。その市街地の中における交通は日々変化することが予想できるでしょう。例えば、前日に停まっていなかった自動車が路上に停められている。曜日や時間帯によって交通量が変化する。あるいは、自転車やバイクが急に道に飛び出してくることも考えられます。

現在、日々刻々と変化する交通事情を処理可能なAI（人工知能）はまだ存在せず、センサー類も進化の途上。だから、レベル5を実施できる自動車は、まだ現れていな

1 レベル2まではドライバーが運転の主体となり、システムが運転を補佐するイメージ。レベル3以降はシステムが運転の主体を担い、ドライバーは必要に応じて運転に介入する。レベル2ではハンズオフ、つまり手を離しての運転が可能となり、日産自動車が世界で初めて2019年に「プロパイロット2.0」として実用化した。

2 日本では2023年5月28日から福井県永平寺町で「レベル

いのです。アメリカを代表する自動車メーカー・フォードでさえ、２０２２年10月にジム・ファーリーＣＥＯが「大規模な完全自律走行車の開発はまだ先の話」として、レベル４以上の自動運転の開発を中止してしまいました。今後、**大きなブレイクスルーが起きなければ、レベル5の自動運転実現は難しい**でしょう。

物流業界の人手不足を解消する切り札である自動運転が実装される社会の到来は見通せません。しかし２０２４年問題をはじめ、物流業界の抱える課題解決は待ったなしの状況です。何か手はないのでしょうか。

そこで**注目したいのが、空**なのです。

驚くかもしれませんが、空の世界では、**1969年から飛行機に自動操縦システムが利用されている**のです。次のページからは、飛行機における自動操縦の状況を見ていきましょう。

4自動運転移動サービス」が開始。車両には電気自動車が投入され、運転手が乗車せず、遠隔で監視。全長約2㎞の歩行者と自転車の専用道を走る。ただし本サービスは地面に引かれた電磁誘導線に沿って自動運転を行うため、完全なレベル4ではないという考え方もある。

飛行機では1969年から自動操縦をしていた!

飛行機の歴史を紐解くと、第二次世界大戦以前から自動操縦が行われていました。ただこれらの自動操縦はパイロットの操縦を助ける、自動車の自動運転でいうところのレベル1~2に該当するものでした。

パイロットが介在しない自動操縦は、1969年に旅客機「ボーイング747クラシック」で初めて実用化されました。ところが当時、現在の自動操縦技術では必須となるGPS[1]は存在していません。ではどうやって自動操縦をしたのでしょうか。

自動操縦では自機がどこを飛んでいるのかを知ることが重要です。当時のボーイング747クラシックでは、新たに**「慣性航法装置(INS)」**を搭載。それまでの太陽や恒星の位置で方位を決定する天測航法から、加速度や減速度によって速度と距離を求め、コンピュータによって緯度・経度を算出して飛行する慣性航法が導入され、高度な自動操縦を可能にしていたのです。

その後、**アメリカでGPSが開発**されると、ロシアのGLONASS、日本のみち

1 地球の周りを飛ぶGNSS(全球測位衛星システム)という人工衛星のうちの1つ。自分が地球上のどこにいるのか測位してくれる。なお、本書ではGNSSをGPSといいかえて紹介していることがある。

びきなど、**位置を測定する衛星システムが各国でも開発・配備**されるようになりました。現在ではGPSだけでも24基以上が地球の周りを飛んでいます。

GPSなど衛星システムを使用した位置測位はどのようにして行われるのでしょうか。

衛星から発信される電波には時間情報が含まれています。その電波を受け取った受信側は、発信時間と受信時間の差に電波の速度を乗じることで衛星との距離を知ることができます。これらの情報を**4機以上の衛星から得る**ことで、正確な受信側の位置を測位しているのです。

なお、地上に設置した基準点から得られる位置情報と、移動している自機の持つ情報を組み合わせることで、誤差わずか数cm以内という、より正確な位置を測位する**RTK（リアルタイムキネマティック）**という方法もあります。GPSによる測位に加え、RTKによる測位も組み合わせることで、高い精度で自機の位置を測位することが実現しています。

このような**GPSの技術を活用することで、飛行機は自機の位置を正確に特定し、自動操縦を実現**してきたのです。それと時を同じくして、さらに飛行機の自動操縦をサポートする仕組みが地上にもできあがっていきます。

自動操縦ができる最も安全な場所は空である

かつて日本の空を飛ぶ飛行機の数が少なかった頃は、方角を確認しながら飛ぶだけで良かったのですが、現在では同じ航路に複数の飛行機が同時に飛ぶことも多いです。そのため**飛行機の交通を管理する管制システムの整備**が進められました。

現在の管制システムを簡単に紹介しましょう。まず空港の**滑走路付近にある管制塔**に詰めている、国土交通省の職員である**管制官**が、離陸しようとする**飛行機に離陸の許可**を出します。離陸許可を得た飛行機は指定された誘導路を通って滑走路へ向かい、離陸。しばらくすると「ギア」と呼ばれる離着陸時に使用するタイヤを機体に格納します。ここまでの流れを管制塔の管制官が担当します。

その後、管制塔の下にある**ターミナルレーダー室の管制官**が、飛行機を空港と空港を結ぶ航空路・**エンルートへと誘導**。全国4箇所にある**エリアコントロールセンター（ACC）の管制官**はエンルートに乗った飛行機の管制を引き継ぎ、**目的地の空港周辺まで飛行機を導く**のです。また、航空交通管理センター（ATMC）が、日本上空だけでなく太平洋上の飛行機をも監視しています。

1 国際航空運送協会（IATA）「2019エアライン セーフティーリポート」による。

2 2020年における

管制官たちは飛行機の安全な運航のためにレーダーや無線などを駆使して**情報収集**に努め、**パイロットに適切な指示**を与えています。例えば飛行機の目前に積乱雲が迫れば、管制官はパイロットと話し合い「積乱雲の右側のルートを確保するので、舵を20度切ってください」等と指示し、飛行機が安全に目的地まで飛べるように、力を尽くしています。

このように**管制を駆使することで、飛行機の運航は非常に安全**なものになっています。現在、飛行機やヘリコプターなど航空機の事故の発生確率は約0.0001%[1]と言われています。一方、交通事故に遭う確率は約0.2%[2]で、航空機における事故の発生確率のなんと約1800倍！　これらの数字から、**飛行機が地球上の乗り物の中で一番安全**だとわかります。

前述した通り地上では毎日のように道路状況が変化しますが、空の上では昨日なかった障害物が今日いきなり現れるということはまずありませんし、レーダーなどで監視が可能です。また毎日変わるものといえば天気が思いつきますが、それは地上も一緒。やはり**空においては環境の変化が少ない**のです。以上のことから、自動操縦ができ、なおかつ地球上で最も安全な場所は空だといえるでしょう[3]。

警察庁発表の交通事故件数および令和2年国勢調査における日本の総人口をもとに、交通事故件数を日本の総人口で割って算出。

3　航空機には「ADS-B」という自機の位置や高度を発信する装置が搭載されている。自動車にもADS-Bのような装置をつけて管制システムを取り入れれば自動運転が可能かもしれない。だが、それによって自分が乗る自動車の位置が管制システムに常に特定されることを、利用者は受け入れるだろうか。おそらく無理だろうと思われる。

新たな物流の道は地上から150mまでの空！

空の世界には多くの法律や規制があります。なぜならば、飛行機やヘリコプターなど人が乗る**航空機が安全に飛行できる状態を保つ必要がある**から。飛行機が落ちれば乗っている人はもちろん、落下地点に人がいたり建物があったりすれば、甚大な被害が発生するのは想像に難くありません。話は変わりますが、私が理事長を務めるドローン大学校では、ドローンだけでなく航空機に関する法律もご指導してきました。ドローンも航空機と同じ空の世界の機械である以上、**空の世界で最優先される航空機の法律を知ることで、安全にドローンを飛行させるための心構えを身に付けてほしい**と考えているためです。

航空機の飛行高度に関する法律の中に「航空法第81条」「航空法施行規則第174条」があります。これらによって航空機は、飛行可能な高度の下限である**「最低安全高度」**が定められています。具体的には、離着陸時を除いて地上や水上の人や建物などの安全、そして何より航空機の安全を保つため、次のように定められています。[1]

① **人や家屋が密集している地域の上空**では、航空機を中心にして水平距離600m

1 VFR（有視界飛行方式）の場合。飛行機の飛行方法にはIFR（計器飛行方式）とVFRがある。管制官の指示に従って飛行する方法をIFRといい、IFR以外の飛行方法をVFRという。IFRにおける最低安全高度は別に定められているが、ここでは割愛する。

①について、東京スカイツリーを例に考えてみる。東京スカイツリーは高さ634m。また、東京スカイツリーがある東京都墨田区周辺は人

範囲内にある**最も高い障害物の上端から300m**が最低安全高度

② **人や家屋がない地域や広い水面の上空では、地上や水上の人や建物などから150m以上**離れて飛行できる高度が最低安全高度

③ ①や②以外の場合は、**地表面や水面から150m**が最低安全高度

最低安全高度については複雑な条件がありますが、ざっくりいうと**「航空機は地上から150m以上の空を飛びましょう」**ということです。つまり、150m未満の空に、航空機が入ってくることはまずありません。[2] そのため、地上から150m未満の空というのは、有効に使われていないのが現状です。

ドローンが飛行できる場所や飛行の仕方も、航空機と同じく航空法や航空法施行規則で決められています。それらを読み解くと、[3] **ドローンは地表や水面から150m未満の高さで飛ばしなさいというルール**になっています。つまりこのルールを守っていれば、**航空機の安全に影響を及ぼすことなく、ドローンを飛行させることが可能**なのです。

ここまで読めば、航空機が入ってくることのない、**未活用の空域でドローンを使えば、何か新しいビジネスが展開できる**のではないか……そんな予想ができるようになってきたのではないでしょうか。

や家屋が密集している地域となる。この上空を飛ぶ飛行機は634m＋300m＝934mが最低安全高度となる。

2 捜索や救助などのため、警察や消防署など公的機関の航空機が飛行していることはある。

3 「航空法第132条85」および「航空法施行規則第236条71の5」によって、ドローンは地表や水面から150m以上の高さの空域では、飛行させてはならないとされている。

「空の産業革命」実現でドローンが人や物を運ぶように！

ここまでのお話をまとめましょう。現在、**物流業界**では少子高齢化によってドライバーをはじめとした**担い手が不足**し、**今後も減っていく**ことがまず確実です。一方で、ネット通販の発展によって、今後も**荷物の量は右肩上がり**が続くでしょう。さらに生鮮食料品の即日宅配といった、新しい種類の荷物も増えつつあります。

担い手不足を解消するために**自動車の自動運転の開発**が進められていますが、高度な技術が必要とされ、**うまくいっていません**。その一方で空に目を向けてみれば、以前から**飛行機の自動操縦が行われていました**。また、**150m未満の空は航空機が入ってくることがなく、ドローンを活用するのにうってつけ**の空域になっています。

これらのことを踏まえて、経済産業省ではドローンや空飛ぶクルマといった新しい機械の活用について、公式サイトで左記のように[1]表明しています。

「次世代空モビリティ」

ドローンや空飛ぶクルマといった次世代空モビリティの誕生で、空の利活用の可

1 https://www.meti.go.jp/policy/mono_info_service/mono/robot/airmobility.html より引用。強調は著者により追加。

能性が拡がってきています。「次世代空モビリティ政策室」では、**ドローンによる拠点間のモノの移動**や、**空飛ぶクルマによる人の移動**といった、新たな領域における技術の社会実装・産業振興を通じて、**社会の課題を解決**し、〝安全・安心＋ワクワク〟な未来を創造するチャレンジを進めています。

つまり、政府が次世代のモビリティ[2]であるドローンを使って物を、そして空飛ぶクルマを使って人を運びますということを公表しているわけです。

この考え方が**「空の産業革命」**です。

みなさんも今、ニュースに触れていると、空の産業革命に関わるニュースが毎日のようにあると気づくはずです。**日本の企業が空飛ぶクルマの受注をした**とか、**日本郵便が郵便物をドローンで運ぶのに成功した**といったものです。これらのベースとなる概念が、空の産業革命です。

さらに政府では、ドローンを活用して様々なビジネスを展開できるように**環境整備を推進**しています。その取り組みは工程表にまとめられ**「空の産業革命に向けたロードマップ」**として公表されているのです。空の産業革命に向けたロードマップをもとに、どのようなビジネスが考えられるのかを、30ページから見ていきましょう。

2　英語の「mobility」が由来で、移動性や可動性、機動性という意味。近年では、移動や輸送に関わる機械全般や、その手段を指す。日本最大の自動車展示会「東京モーターショー」は、自動車に限らずモビリティ全般を取り上げることを目指して、2023年から「JAPAN MOBILITY SHOW」に名称変更した。ドローンや空飛ぶクルマは、空を行くモビリティの代表的な存在。

ドローンのレベル1~4飛行

ドローン2.0のビジネスの中で「レベル4飛行」という言葉が登場しました。自動車の自動運転にレベル分けがあったように、ドローンの飛行方法にもレベル分けが存在します。空の産業革命を実現するためには、レベル4飛行が必須です。

レベル1飛行

人が目で見える範囲内で、ドローンを手動で操縦する飛行方法のこと。ドローンを始めた人が、基本的な操縦技術を取得するために行います。空撮や点検で使われることも多いです。

レベル2飛行

人が目で見える範囲内で、ドローンを自動操縦する飛行方法のこと。ドローンには飛行ルートをあらかじめ入力しておけば、ボタンを押すだけでそのルートを自動的に飛行するモードが組み込まれていることがあります。この機能を使えば**再現性の高い**

飛行が可能となるので、農薬散布や測量の現場などで使用されています。

レベル3飛行

ドローンを人の目で見ることなく、監視する補助者を立てることなく、人がいない場所の上空で飛行させる飛行方法のこと。ドローンの飛行は人の目で見える範囲内で行うという規制がなくなったことで、荷物を積んだドローンを**コンピュータで管理し**ながら、**遠隔地へ飛行させる**といったことが可能となりました。ただし、**飛行できるのは人が存在する可能性が低い場所**、つまり山や森林、河川などに限定されます。

なお、レベル1～2飛行についても、人の上空以外で飛行させることが求められています。

レベル4飛行

ドローンを人の目で見ることなく、監視する補助者を立てることもなく、**人の上空や、人がいる場所の上空で飛行させる**飛行方法のこと。人がいる場所というのは、人が住んでいたり、働いていたりする市街地を想定しています。**飛行する場所の制限がなくなった**ことで、活用できる場所が広がることが期待されます。

絶対これから伸びるドローンビジネス（1） ロードマップにヒントあり

空の産業革命に向けたロードマップ（以下、空の産業革命ロードマップ）は2017年5月に初めて策定されました。この時、目標として挙げられていたのは**「2020年代頃にレベル4飛行を実現する」**というもの。その後は改定が続き、最新の「空の産業革命ロードマップ2022」では**「2022年度中にレベル4飛行を実現する」**と具体的な年が明記されるようになり、**2023年3月**に東京都奥多摩町で**初めてレベル4飛行を実施することで達成**されました。このように、空の産業革命ロードマップで提唱されていることは夢物語ではなく、**確実に実現するための行動指針**として機能しているのです。

空の産業革命ロードマップ2022にはこの他にも**「環境整備」「技術開発」「社会実装」**という3つの柱があります。それぞれの項目の代表的な内容を見てみましょう。

①　環境整備　多くのドローンが飛び交っても衝突事故などが起きないように運航するため、飛行を管理するシステム（UTMS）の制度の方針を、2023年度に

策定することを唱えています。

② 技術開発　ドローンや空飛ぶクルマと、航空機が安全に効率よく運航できるようにする技術を開発し、大阪・関西万博で実証することを掲げています。

③ 社会実装　河川上空でのドローン利用を促進するため、２０２３年度中に河川利用ルール等をまとめたマニュアルを策定するとしています。

いずれの項目も時間を区切ることで、確実に実施するという意気込みが感じられます。こうした取り組みを経て、**「航空機、空飛ぶクルマも含め一体的な〝空〟モビリティ施策への発展・強化」を達成する**ことが、空の産業革命ロードマップの最終的な目標になります。

とはいえ、ここまで述べたことはかなりハイレベルで、これからドローンビジネスに参入しようと思っているあなたには難しいでしょう。でも、大丈夫。空の産業革命ロードマップには、**各分野における今後のドローンの活用方法**についても指針が示されています。それはつまり、**政府がこの分野に力を入れることを表明**しており、今後伸びゆく**ビジネスのヒントがある**ということです。次のページからは、各分野における空の産業革命ロードマップを具体的に見ていきましょう。

絶対これから伸びるドローンビジネス（2）　農林水産業

空の産業革命ロードマップ2022によれば、2022年度までの**農業分野**においてドローンは**【農薬散布】【ほ場[1]センシング[2]】**といった仕事では、**すでに活用されていた**ことがわかります。では2023年度以降のロードマップに目を向けましょう。

農薬散布はドローン1.0のビジネスの項でも取り上げたとおり、ドローンでできる仕事として代表的なものです。現在の農薬散布は、水田の害虫駆除のために農薬を撒くといった使用が代表例ですが、ロードマップを見ると、**果樹園等でもドローンを使用した農薬散布を拡大したい**ことがわかります。あなたが農業の分野でドローンに参入しようと考えた時、水田よりも果樹園で農薬散布を始めるほうが、ビジネスを展開するチャンスが手に入りやすいことが想像できます。

ほ場センシングでは2023年度に**生育予測や生育診断をするアプリを様々な野菜にも提供**できるようにし、2024年度以降にはそれらのアプリを普及させることがねらわれています。もしあなたがアプリ開発等をすでに手掛けているのだとしたら、例えば生育診断アプリの現状を研究し、実際に使っている人たちの声を取り入れて、

1　田や畑といった農地として利用される土地のこと。

2　温度や湿度、明るさなどをカメラやセンサーといった器具を使って計測する技術のこと。

農林水産業（農業分野）

～2022年度	2023年度	2024年度以降
【ほ場センシング】		農地ごとの作物の生育状況等を広域的に確認
●作付作物、ほ場境界等の確認 ・空撮画像から判別する技術に向けたソフトウェアの開発・改良		
●野菜の生育状況や病害発生状況のセンシング		
・空撮画像解析や気象情報を利用した生育予測・生育診断アプリの改良・実証 →	・生育予測・生育診断アプリの他の野菜への適用拡大 →	・生育予測・生育診断アプリの普及
・空撮画像解析による病害発生状況推定手法の実証 →	・空中画像解析による病害虫発生状況推定手法の実証・普及 →	（継続）
【農薬散布】 農薬散布面積を100万ヘクタールに拡大		
●果樹の薬剤散布技術や病害虫発生状況のセンシング		
・自動航行できるドローンによる傾斜地果樹園での農薬散布実証と改良 →	・傾斜地果樹園での農薬散布技術の開発・改良等 →	・傾斜地果樹園での農薬散布技術の実装・普及
●病害虫発生診断システムを開発し、現場への実装・普及 →	・病害虫発生診断システムの現場への普及拡大 →	（継続）
●ドローンによる農薬等散布時の補助者配置義務等の緩和 → ・農薬等の空中散布についての関係通知の整備	・空中散布に係るガイドラインの順次見直し →	（継続）
●農業用ハイスペックドローンの開発 → ・安全安心な農業用ドローン標準機体の開発 ・高精度散布装置や複数の作物で利用可能な生育解析共通基盤の開発	・農業用ドローン標準機体の市販化 → ・ドローンと連携したデータ駆動型栽培管理技術の開発・実証	・安全安心な農業用ドローン利用環境の整備とドローン関連サービス普及の促進

※空の産業革命ロードマップ2022をもとに作成

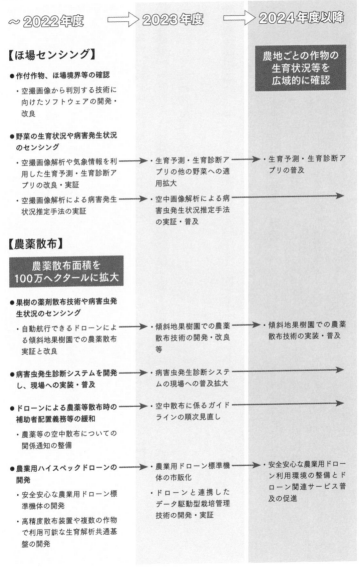

より良いアプリを開発するということも可能でしょう。

次に**【肥料散布】【播種】**[1]**【受粉】**の仕事を見てみると、いずれも2023年度までは先進的な経営体での実証実験にとどまっていました。しかし**2024年度以降**ではそれらの仕事を**実装・普及**していきたいというねらいが伺えます。ということは、現在実証実験を行っている人たちのところで働いて技術を磨き、知識を蓄えることで、2024年度以降の実装に備えることが、ビジネスの第一歩になるでしょう。同様に**【収穫物等運搬】**についても**2024年度以降に実装・普及が期待**されているので、この仕事についての研究を深めてください。

【鳥獣害防止】は、ドローンを使用して農作物に被害を与えるトリやイノシシといった害獣を監視し、追い払うという仕事です。2022年度以前から展開されている仕事ですが、**2023年度以降も実装・普及**が求められています。鳥獣害防止では害獣の田畑への侵入を防止する電気柵などがすでに使用されています。そういった技術を学びつつ、ドローンによる監視の手段を研究するといいかもしれません。

1 はしゅ。つまり植物の種まきのこと。

農林水産業（農業分野）

～2022年度	2023年度	2024年度以降
【肥料散布】 ●露地野菜等の先進的な経営体での実証	→	・露地野菜等の先進的な経営体への実装・普及
【播種】 ●水稲作の先進的な経営体での実証	→	・水稲作の先進的な地域での実装・普及
【受粉】 ・果樹等の先進的な経営体での実証	→	・果樹等の先進的な地域での実装・普及
【収穫物等運搬】 ・長時間飛行のための収穫物等運搬技術の実証	→	・先進的な経営体への収穫物等運搬技術の実装・普及
【鳥獣害防止】 ●鳥獣の生息実態把握手法の確立 ・生息状況把握システム等の実装・普及	→	→

※空の産業革命ロードマップ2022をもとに作成

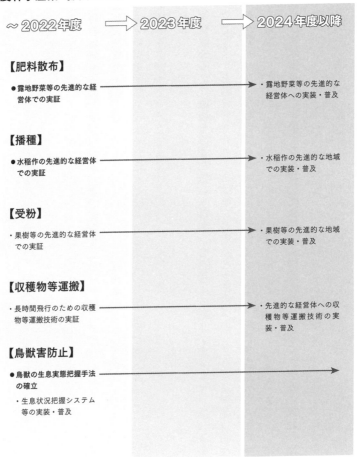

林業分野では２０２２年度までに全都道府県や全森林管理局における森林被害の把握にドローンを使うという目標があり、２０２３年度以降も継続して取り組むことになっています。

森の木々は建築資材や紙の原料などの用材として使用できる大切な資源です。それら**森林資源を空撮やセンシングにより把握**する仕事がこれまで行われており、**２０２３年度以降はその普及**が求められています。今後も森林の様々な情報を得るためにドローンを積極的に活用することが考えられるので、林業分野に参入することはビジネスチャンスが多いと予想できます。

水産業分野では**漁場を探すためにドローンを活用**する動きがあります。揺れる船上からドローンを離発着させることは難しく危険な作業ですが、２０２３年度以降はそれを自動的に行う技術の開発が求められています。また、**魚群を発見するためのＡＩを開発**し、ドローンに実装するアイディアがあります。これらの技術をまとめあげ、**２０２４年度以降、ドローンを用いて魚群を自動的に発見するシステムの実証**が想定されています。もしドローンや周辺システムの開発に興味があるならば、水産業分野を検討してもいいでしょう。

農林水産業（林業・水産業分野）

～2022年度	2023年度	2024年度以降
【林業分野】		
●森林被害（山腹崩壊、病虫害、気象害等）の把握		
2022年度までに全都道府県・全森林管理局で森林被害の把握等にドローンを利活用 →	→	→
●森林資源情報の把握		
・空撮画像やレーザーセンシングによる高精度な森林資源情報の把握技術の開発 →	・森林資源情報の把握技術の実装・普及 →	→
・上記のモデル地域における実証		
●リモートセンシング技術の活用を前提とした造林事業の設計・施工管理手法の普及 →	→	→
●苗木運搬・播種等への活用技術の実証 →	→	→
【水産業分野】		
●カワウによる漁業被害防止		
・カワウ追い払い技術の開発・マニュアル作成 →	・カワウの繁殖抑制技術の開発・マニュアル作成 →	・カワウ追い払い技術、繁殖抑制技術の現場への普及
●鯨類の目視調査技術開発		
・調査船上からの安定的な離発着技術の実証 →	・調査船上からの安定的な離発着技術の実証 →	・ドローンによる調査と船上からの目視調査結果を比較し、データの有効性を検証
・鯨類の識別・群れに含まれる個体数の計数の実証	・調査船上からの鯨類の識別・群れに含まれる個体数の計数の実証	・調査手法の現場への普及
●ドローンによる漁場探索（海外まき網漁船等）		
・船上からの自動離発着技術の検討 →	・船上からの自動離発着技術の開発 →	・ドローンを用いた魚群自動探索技術の実証
・魚群発見AIモデルのプロトタイプ開発 →	・魚群発見AIモデルのドローンへの実装	

※空の産業革命ロードマップ2022をもとに作成

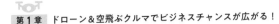

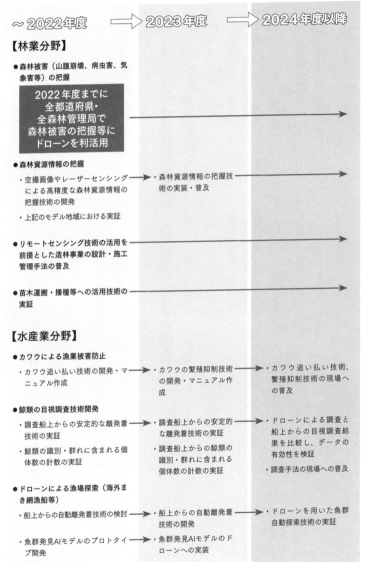

絶対これから伸びるドローンビジネス（3）　測量

現在発売されているドローンの多くは高性能なカメラを搭載。これを活かしてドローンで**空から写真撮影**を行い、このデータをもとに**土地を測量するほか、測量した地形の3次元データを作成**することも可能です。またカメラの代わりにレーザー測量装置を搭載し、写真撮影では得られないデータを取ることもできます。

国土交通省では**ICT技術を活用**して**建設現場のデジタル化を推進**し、効率性の向上を図る**「i-Construction」**という取り組みを進めており、このなかにはドローンの活用も盛り込まれています。「UAV[1]を用いた公共測量マニュアル」や各種ガイドラインが制定され、積極的なドローンの活用を推進しています。

空の産業革命ロードマップでも**2024年度までに3次元データの作成を促進**することをねらっているため、現在建設業界に携わっている人は、測量分野からドローンビジネスに参入するのが狙い目といえるでしょう。

1 Unmanned Aerial Vehicle（無人航空機）の略。このほか英語圏ではUAS（Unmanned Aircraft Systems／無人航空機システム）と呼ぶこともある。

測量

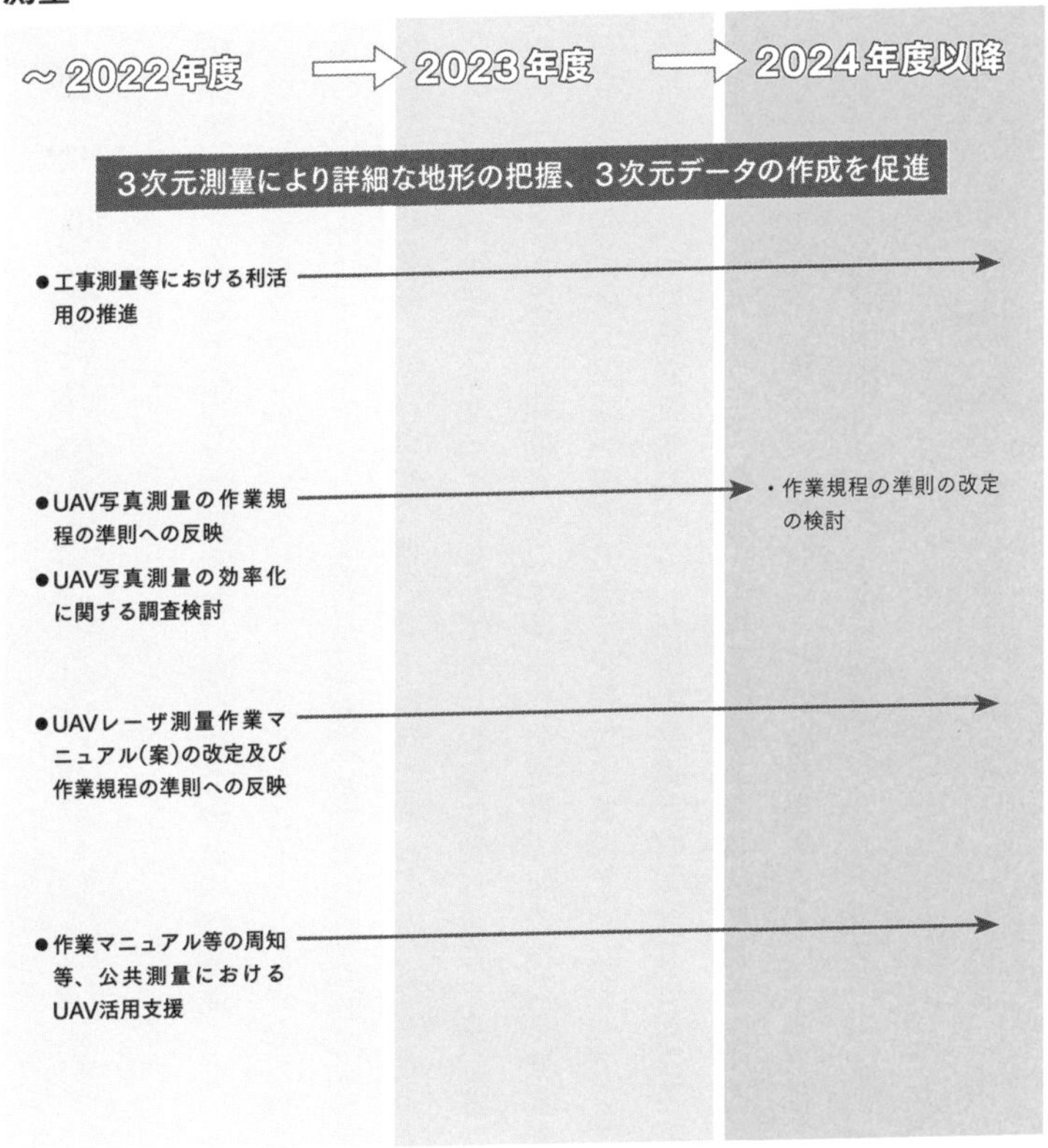
～2022年度
2023年度
2024年度以降
3次元測量により詳細な地形の把握、3次元データの作成を促進
●工事測量等における利活用の推進
●UAV写真測量の作業規程の準則への反映
・作業規程の準則の改定の検討
●UAV写真測量の効率化に関する調査検討
●UAVレーザ測量作業マニュアル(案)の改定及び作業規程の準則への反映
●作業マニュアル等の周知等、公共測量におけるUAV活用支援

※空の産業革命ロードマップ2022をもとに作成

絶対これから伸びるドローンビジネス（4）医療

医療分野こそ今後ドローンの活用が、最も求められています。といってもドローンが空飛ぶ手術室になるという話ではなく、これも物流とリンクしているのです。

空の産業革命ロードマップでは**2024年度以降の目標として「へき地において医薬品を配送」を設定**しています。地方では病院や薬局といった医療インフラや、交通インフラの維持が難しくなってきています。しかし地方に住む高齢者にとって医療にかかれるかどうかは死活問題。そこで薬については、町の病院や薬局などからドローンで配送し、高齢者の医療へのアクセスを担保することをねらっています。**薬はそれほど大きなものではありません**から、**小型の物流ドローンでも配送可能**です。

またドローンを利用した**「血液等の緊急輸送による医療の支援」**も検討されています。ただちに必要な医療物資を運ぶことは、渋滞がない空を飛ぶドローンにうってつけ。医療分野での活用は2023年度以降に「ユースケース(1)の明確化」など、様々な項目で検討が進められます。もしあなたが医療従事者なら、その知識や経験を活かしてユースケースの提案をすることもできるでしょう。

1 利用者がシステムを使う場合、どのような機能が必要になるのか、様々な事例を想定すること。

医療

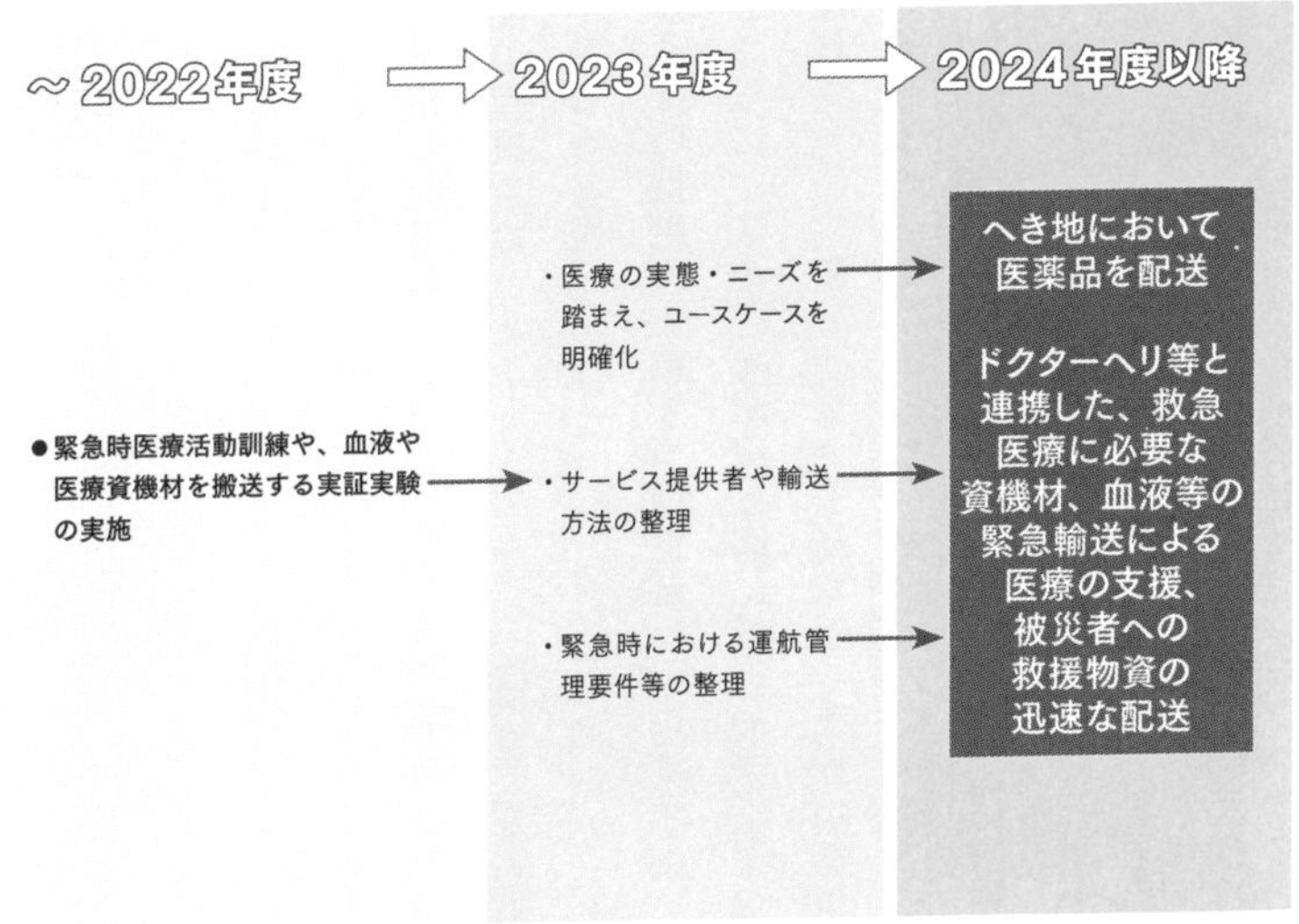
～2022年度
2023年度
2024年度以降
●緊急時医療活動訓練や、血液や医療資機材を搬送する実証実験の実施
・医療の実態・ニーズを踏まえ、ユースケースを明確化
・サービス提供者や輸送方法の整理
・緊急時における運航管理要件等の整理
へき地において医薬品を配送
ドクターヘリ等と連携した、救急医療に必要な資機材、血液等の緊急輸送による医療の支援、被災者への救援物資の迅速な配送

※空の産業革命ロードマップ2022をもとに作成

2023年5月、伊藤忠商事は東京都立墨東病院、ANAホールディングスらと共に、ドローンを使用して血液製剤を運ぶ実証実験を実施。「血液等の緊急輸送による医療の支援」への対応について、検討がなされている。（写真提供：伊藤忠商事）

絶対これから伸びるドローンビジネス（5） 警備業

レベル4飛行が可能になり、期待を集めているのが**警備業**。これまでは閉園後のテーマパークなど人が入ってくることが想定されていない、**外と遮断された敷地でドローンを飛行させる「敷地内等の侵入監視・巡回監視」**で利用されていました。ところが空の産業革命ロードマップでは**2023年度に「重要施設内の広域巡回警備」で活用**を進めると明記。つまり、これまでの限られた敷地の中だけでの利用にとどまらず、より**広い場所でドローンを警備に利用する**ことを計画しています。

さらに、**2024年度以降には「広域・有人地帯の侵入監視・巡回監視」**を予定。すなわち、住宅街やオフィス街など、**人がいる場所の上空での警備にドローンを活用**しようと考えられているわけです。

実は警備業界も人手不足が深刻。[1] その打開策としてドローンで警備を行うことが期待されています。ただ、ドローンを使った警備業に参入するには「警備員指導教育責任者」などの資格が必要でもあります。もし現在、あなたが警備業を行っており、資格も持っているのであれば、積極的に参入を検討してみましょう。

1 厚生労働省が発表する一般職業紹介状況（職業安定業務統計）によれば、警備業が含まれる保安の職業の有効求人倍率は2019年以降、6〜8倍で推移している。求人が多いということは、それだけ人手が足りていないことの証といえる。なお、保安の職業には警備業だけでなく、自衛官や消防官、警察官、海上保安官なども含まれる。

警備業

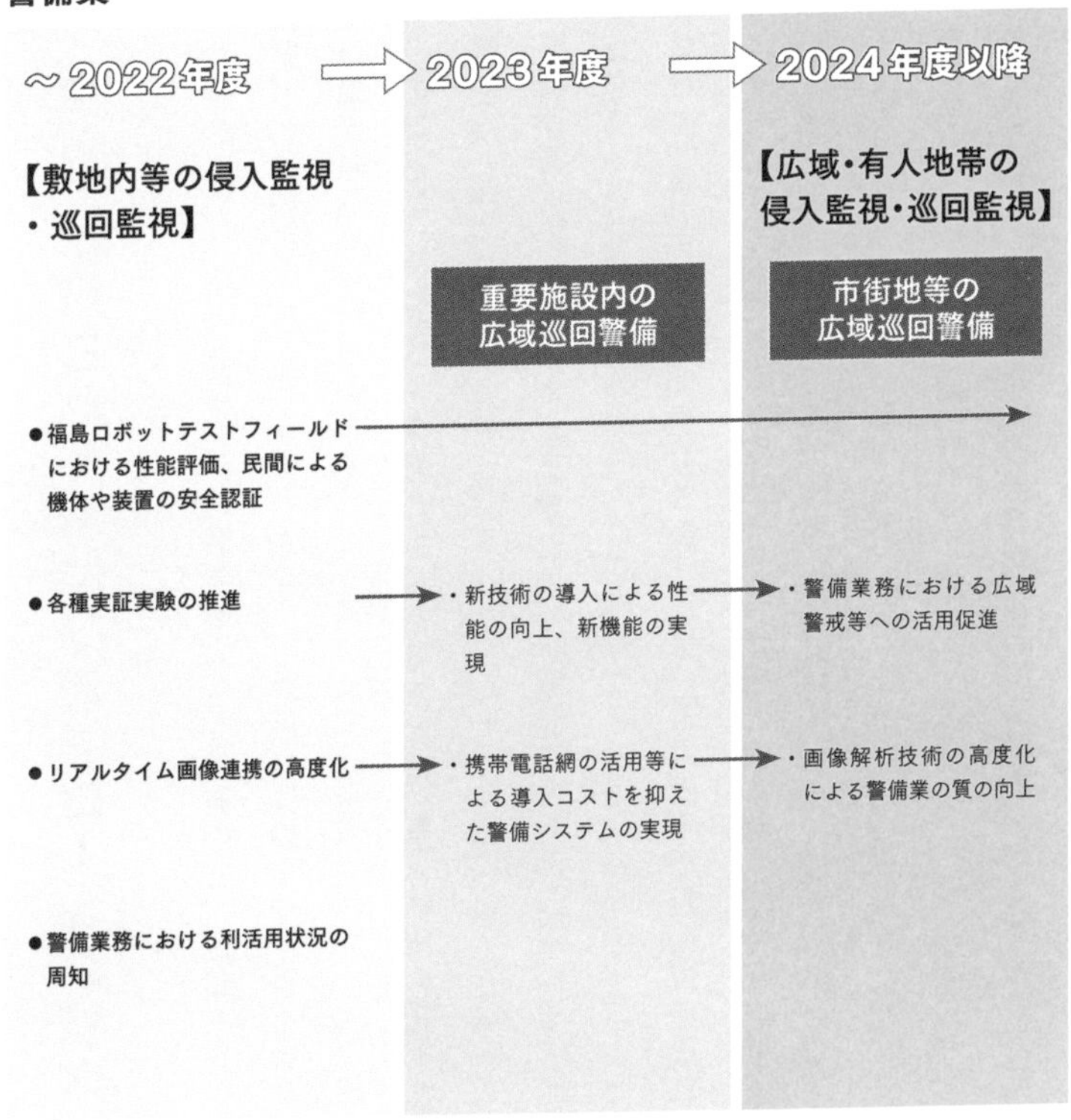

※空の産業革命ロードマップ2022をもとに作成

絶対これから伸びるドローンビジネス（6）　災害対応

大雨を降らせる線状降水帯の発生や大きな地震など、近年の日本は絶え間なく災害に襲われています。万が一被害が発生した場合に備えてドローンを活用する取り組みが以前から進められています。

災害対応としてドローンを利用する方法には「被災状況の把握」「災害対応活動（救助等）の支援」が挙げられます。

災害が起きたあと、まず必要なのが**「被災状況の把握」**。川が決壊したり、土砂崩れが起こったりして人の立ち入りが困難になる場所が発生することは、想像に難くありません。被災状況が確認できなければ、どのような対応策を取ればいいのかの検討もできません。災害現場へ**ドローンを急行させれば、空から被災箇所を確認することが可能**です。そこで得た情報を関係各所へ共有し対策することで、被害を最小限に食い止めることができるでしょう。

これまでは被災状況の把握が災害対応におけるドローンの主な活用方法でした。

災害対応

～2022年度 → 2023年度 → 2024年度以降

【被災状況の把握】

- 人の立ち入りが困難な危険箇所における防災・災害対応への活用を継続的に実施

（状況把握、関係機関にただちに情報提供、地理院地図での迅速な情報の公表。無人地帯での目視外飛行による状況把握の実現に向け訓練）

【災害対応活動（救助等）の支援】

- 無人航空機の災害時における活用状況調査の実施
- 安全かつ効率的な運用・導入を行うための教育・研修を実施
- 技術動向や先進的な活用状況等についての情報収集、有効活用方策の研究を行い、活用・導入促進を図る
- 消防ロボットシステムを構成する飛行型偵察・監視ロボットによる無人地帯目視外飛行による上空からの災害状況の把握、放水の監視

2023年度：災害現場における資器材の搬送等による活動支援

2024年度以降：災害現場におけるより高度な資器材の搬送等による活動支援

※空の産業革命ロードマップ2022をもとに作成

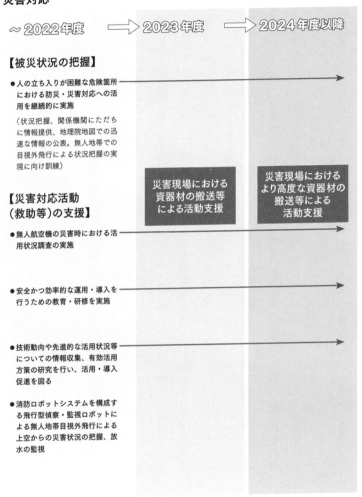

今後はより具体的に**「災害対応活動（救助等）の支援」**にドローンを投入することが期待されています。これまで土砂災害現場での救助活動にドローンを使用するため、センサーなどの開発が進められていましたが、今後は実際に災害現場で活用する方法が検討されます。

２０２３年度以降は、**災害現場での救助や捜索に必要な資機材を搬送**するのにドローンを利用すると、空の産業革命ロードマップでは標榜。これは今後のドローンを活用した物流の進展ともリンクするところ。例えば災害により道路が寸断され物資が届かないような地域が発生すれば、物流ドローンに救援物資を積載し飛行させるという使い方が考えられます。こういった側面からも、物流分野でのドローンの利用促進はおおいに進める必要があるといえるでしょう。

近年では、すでにドローンを業務で活用している企業などが、自治体と災害協定を結び、有事の際に情報提供などで協力することになっています。平時には空撮や点検などの業務でドローンを使用し、災害発生時にはそのドローンを使用してことに当たる……そんな志のある人が、災害対応には求められます。

災害対応

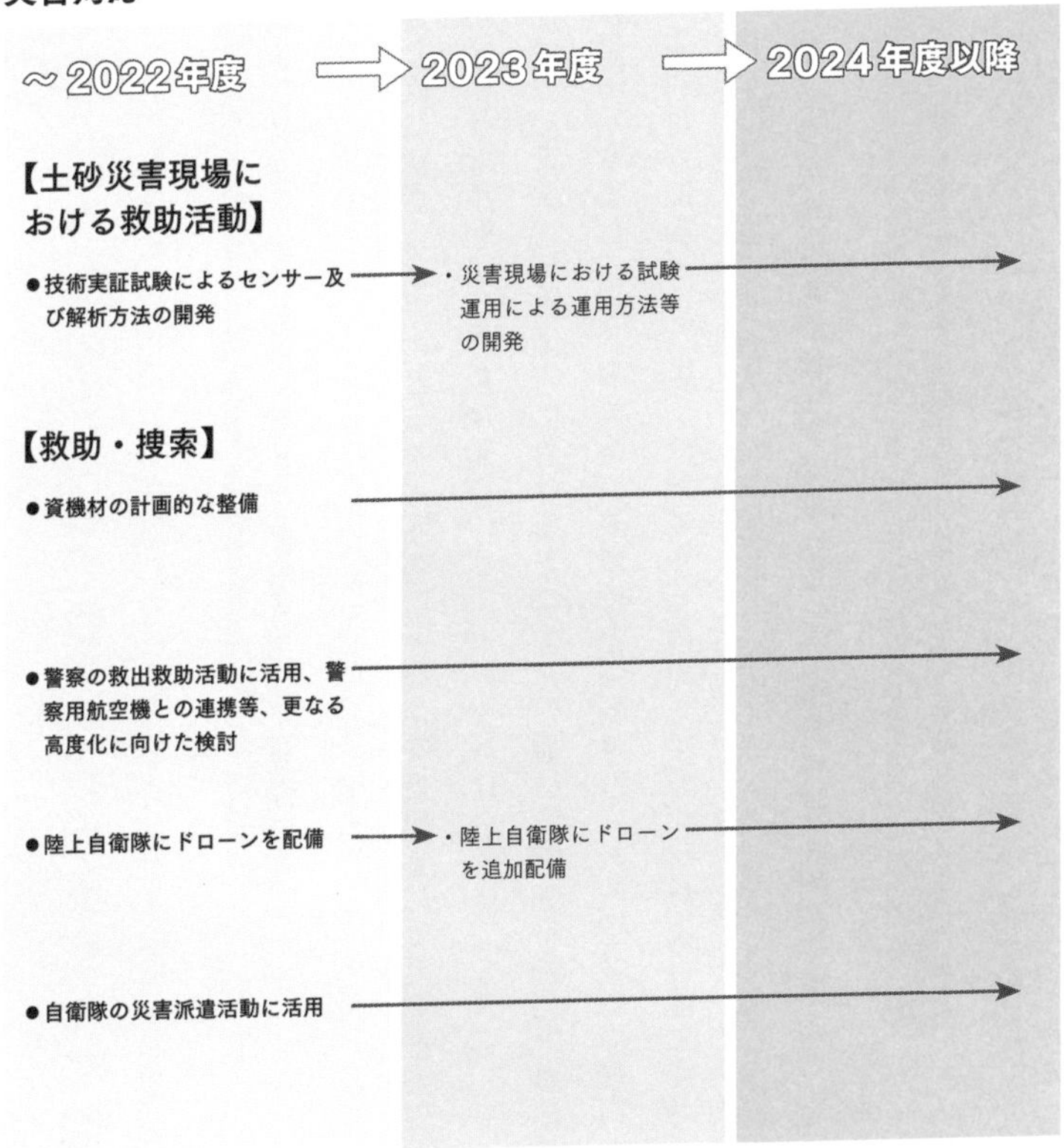
～2022年度
2023年度
2024年度以降
【土砂災害現場における救助活動】
●技術実証試験によるセンサー及び解析方法の開発
・災害現場における試験運用による運用方法等の開発
【救助・捜索】
●資機材の計画的な整備
●警察の救出救助活動に活用、警察用航空機との連携等、更なる高度化に向けた検討
●陸上自衛隊にドローンを配備
・陸上自衛隊にドローンを追加配備
●自衛隊の災害派遣活動に活用

※空の産業革命ロードマップ 2022 をもとに作成

実際のところドローンビジネスって伸びているの？

飛行に必要な申請数が増えている

政府の主導でドローンを活用した「空の産業革命」達成を目指しているというお話をしましたが、実際のところ、**本当にドローンビジネスって成長しているの？**　と疑問に思う読者もいるでしょう。

そこでまず、日本国内におけるドローンの飛行に関する**許可・承認の申請件数の推移**を見てみましょう。ドローンの飛行が規制されている空域での飛行や、規制されている飛行方法などは、国土交通省から許可・承認を得れば可能になります。2016年度に**1万3535件だった申請数**は、2022年度には**9万1073件へと増加**[1]。許可・承認の**手間をかけてまでドローンを飛行させる需要がある**ということです。

1　国土交通省「無人航空機飛行に係る許可承認申請件数の推移」(https://www.mlit.go.jp/common/001321576.pdf)を参照。

2028年度の市場規模は9340億円！

利用が増えていることはわかりましたが、ビジネスとして伸びているかはまだわかりません。そこで、インプレス総合研究所が発表している「ドローンビジネス調査報告書」の市場調査データを紹介します。同書では日本国内におけるドローンビジネスの市場規模を調査し、今後の成長について予測しています。日本国内の**２０２３年度におけるドローンビジネスの市場規模は３８２８億円と想定。今後も伸びる**と予測され、**２０２８年度には約2.5倍の９３４０億円**まで成長するといいます。[2]

ただ、予測を鵜呑みにはできません。そこで私は、こういった資料を見るときには過去の実績も合わせて見るようにしています。**過去の実績で右肩上がりの業界**は、この先も大きなトラブルがなければ**成長が続く**と予想できるからです。**２０１５年度**における日本国内のドローンビジネスの市場規模は**５０３億円**。ところが**２０２２年度**には**３０８６億円**となんと**６倍以上の伸び**を記録しています。まさに右肩上がりであり、この予測もその通りになるのではと考えられます。

ドローンビジネスの今後の成長を予測するため、海外の情報も確認しましょう。世界におけるドローン市場の調査を行っている「Drone Industry Insights」が発表したデータ[3]によれば、２０１０年から２０２０年にかけて世界でドローン市場に投資された金額の実績値は、３３００万米ドル（約48億円）から11億５１００万ドル（約１６７４億円）と大きな伸びを見せており、成長はこれからも続くと見込まれます。

2 「ドローンビジネス調査報告書２０２３」（インプレス総合研究所）を参照。同報告書ではサービス市場の分野別規模についても報告されており、その予測に関するグラフも51ページに掲載した。

3 「GLOBAL DRONE INDUSTRY INVESTMENTS 2010-2020」（https://droneii.com/global-companies-invest-in-drones-despite-recession）を参照。なお１米ドル＝１４５円で換算。

社会環境の変化にも強いドローンビジネス

このように**市場規模は日本でも世界でも拡大**していることがわかります。では、現在国内にはドローンビジネスのプレイヤーがどれくらいいるのか考えてみましょう。市場規模とプレイヤーの数がわかれば、一人あたりの市場規模がわかります。

国土交通省ではドローンの操縦者の人数について統計をとっていません。[1] そこで日本最大のドローンに関する民間資格の発行団体であるJUIDAのデータを参考にすると、資格者は概ね2万5000人[2]と発表されています。この人たちが全員ドローンビジネスをしていると仮定して、前述した2022年度における日本国内での市場規模で割ると、**1人あたりの市場規模は約1234万4000円**。今後、市場規模の拡大は明らかなので、1人あたりの市場規模も**もっと膨らむ**ことが予想できます。

一方、他の業界と比較してみると、コロナ禍前の数字で、宿泊業界の1人あたりの市場規模は約1300万円。飲食業界では約800万円といわれています。ここで取り上げたのは新型コロナウイルスの感染拡大によって大きな打撃を受けた業界。でもドローン業界は「空の産業革命」を実現するべく、**政府が仕事を作り出そうとしてくれている業界**なので、**社会環境の変化にも強い**といえるのではないでしょうか。

1 国家資格「無人航空機操縦者技能証明」が2022年12月から始まったが、その合格者数や合格率はまだ発表されたことがない。

2 2023年9月現在。JUIDAでは「操縦技能証明」「安全運航管理者」「講師証明」の資格があるが、「講師証明」は除いた。また、ドローンビジネスを行うには「操縦技能証明」「安全運航管理者」の両方を取得するだろう。また「安全運航管理者」のみを取得するケースはないため、「安全運航管理者」の資格者数を使用している。

国内ドローンビジネスの市場規模

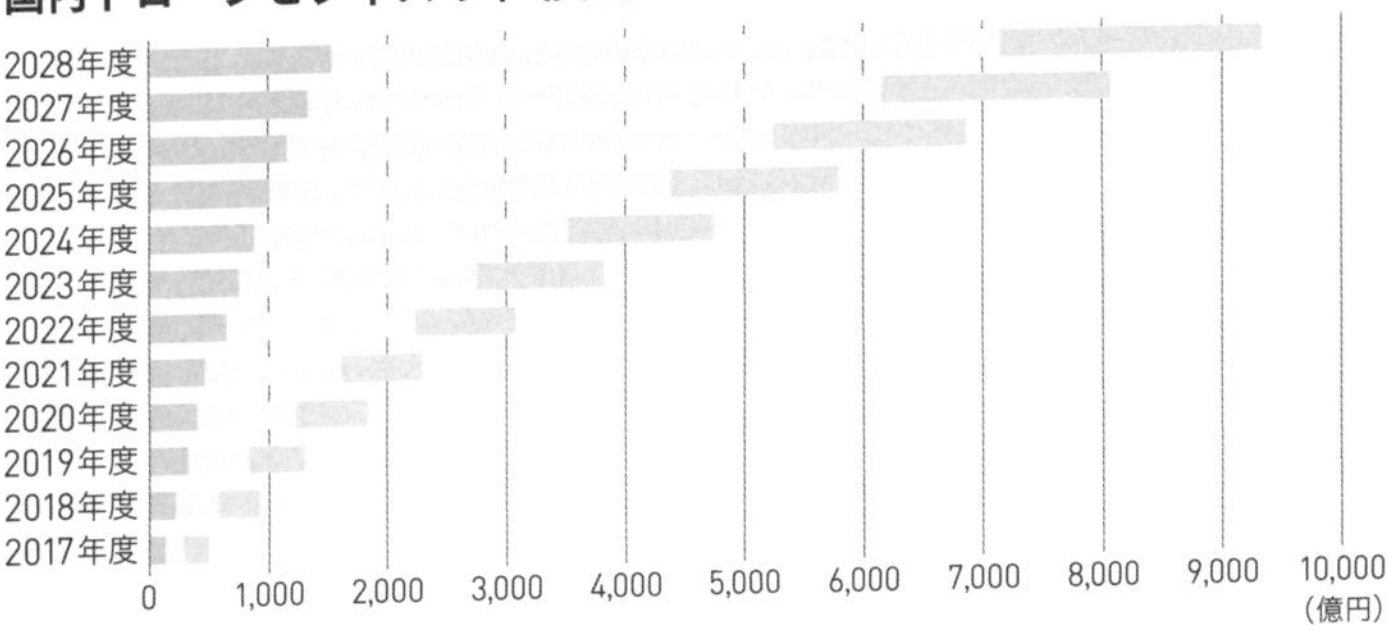

年度	2017	2018	2019	2020	2021	2022	2023	2024	2025	2026	2027	2028
周辺サービス	138	224	326	405	468	652	759	884	1,015	1,161	1,339	1,538
サービス	155	362	609	828	1,147	1,587	2,006	2,642	3,375	4,088	4,821	5,615
機体	210	346	475	607	693	848	1,063	1,227	1,413	1,625	1,925	2,188
合計	503	931	1,409	1,841	2,308	3,086	3,828	4,752	5,803	6,873	8,084	9,340

※周辺サービス市場は消耗品などの販売額や人材育成などの市場規模。サービス市場はドローンを活用した業務の提供企業の売上額（一部推計）。機体市場は業務用完成品機体の国内での販売額。
※ドローンビジネス調査報告書2023（インプレス総合研究所）をもとに作成
※2023年度以降は予測

国内ドローンビジネスのサービス市場の分野別規模

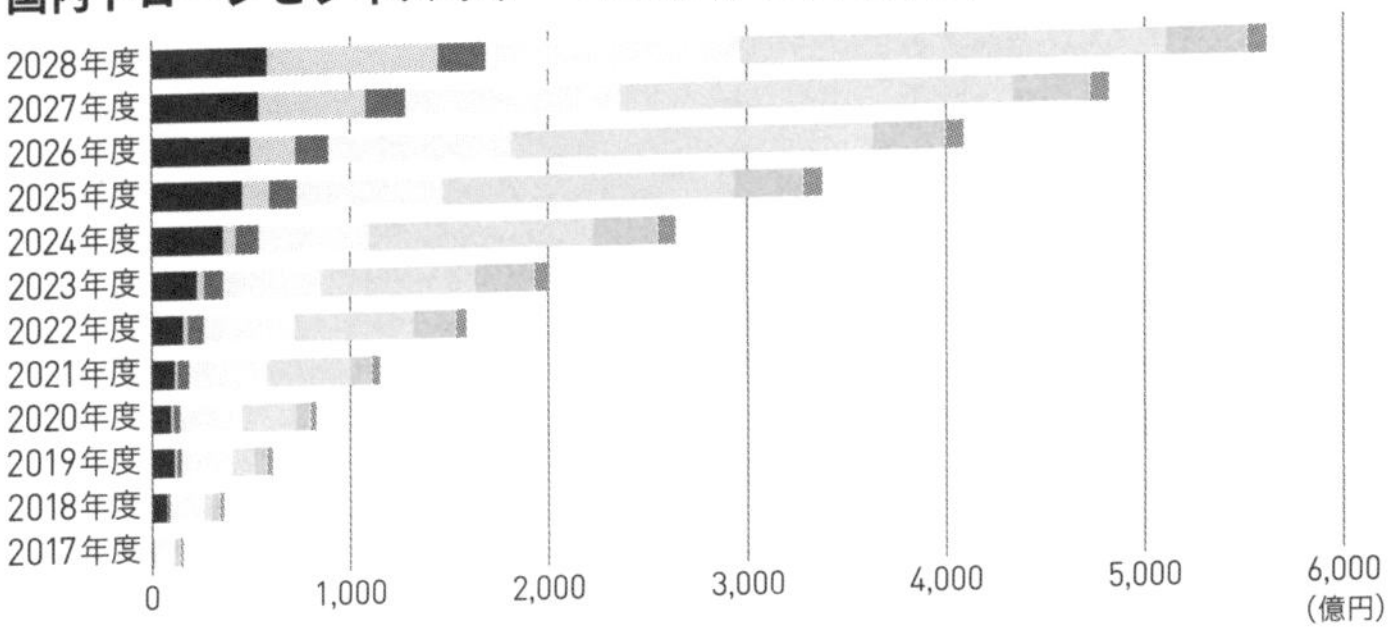

年度	2017	2018	2019	2020	2021	2022	2023	2024	2025	2026	2027	2028
その他サービス	4	72	110	92	112	154	223	355	451	493	535	578
物流	0	5	15	15	16	24	37	64	137	229	542	863
防犯	0	10	20	32	56	80	96	116	139	167	200	240
農業	108	175	260	315	399	461	497	560	740	926	1,087	1,287
点検	5	43	115	279	420	602	780	1,135	1,472	1,818	1,978	2,145
土木・建築	23	36	60	67	106	212	298	323	342	361	384	406
空撮	15	21	28	28	39	53	75	88	94	94	95	96

※ドローンビジネス調査報告書2023（インプレス総合研究所）をもとに作成
※2023年度以降は予測

日本は世界に後《おく》れをとっていない！

日本と世界のドローンビジネスの市場規模についてお話ししましたが、近年の世界における日本の存在意義の低下を思うと、日本ってドローン後進国なんだろうな、と思う読者もいるかもしれません。

家の外で音楽を聞けるようにしたソニーの携帯音楽プレーヤー「ウォークマン」など、かつて日本のプロダクトは世界で称賛を浴びていました。また、携帯電話でインターネットを利用できるようにした「ｉモード」など、日本企業は２０００年代までは世界にも打って出ていけるサービスを開発することができていました。

ところがAppleの「iPhone」をはじめとした海外メーカーのスマートフォンが、外で音楽を聞いたりインターネットをしたりする機能を搭載したことで、ウォークマンや従来型の携帯電話を市場から追い出しました。いまや世界における日本メーカーのスマートフォンのシェアはわずか[1]です。ドローンも同じように海外製の機体の使用が主流なのでは、ということは想像しやすいでしょう。

実際、**ドローンメーカーのアメリカにおけるシェア１位は中国のＤＪＩ**[2]であり、日

1 総務省が公表する「令和４年 情報通信に関する現状報告の概要」によれば、２０２１年の世界市場におけるスマートフォンの販売台数シェアは、１位から順に、Samsung（韓国、20・3％）、Apple（アメリカ、17・5％）、Xiaomi（中国、14・2％）。

2 「Drone Market Shares USA after China-US Disputes」（https://droneii.com/drone-market-shares-usa-after-china-usa-disputes）を参照。

本でも同様と考えられます。ただ、近年の中国に対する**安全保障上の懸念**から、**国産機の開発が進められています**。

さらに、イギリスの通信ネットワークに関するシンクタンク・GSMAインテリジェンスが2023年6月に発表した「International drone leaderboard」[3]という調査によれば、ドローンを活用するための**制度設計が進んでいる国**としてスイス、イタリア、ドイツなどに並び、**日本**を挙げています。一方、活用するための制度設計があまり進んでいない国としてイギリス、オーストラリア、そしてアメリカや韓国が続いています。ちょっと意外な気がしませんか。アメリカは航空産業が盛んですし、韓国もスマートフォンで世界市場に躍進しています。

日本贔屓をする必要がない海外のシンクタンクがこのような調査結果を出しているのですから、**日本が世界のトップを取ることも不可能ではない話**だといえるでしょう。政府がドローン産業を一生懸命バックアップしていこうとする姿勢について、理解できると思います。

3 同報告書ではイギリス国内でのドローン活用を促進するために他国の制度を学ぶ必要があると説く。2024年から行動を始めれば、2030年までにイギリス経済に450億ポンド(1ポンド=184円で換算し約8兆2800億円)の経済効果を与え、イギリスが世界のドローン市場のリーダーに立つ可能性もあると提言しており、今後の展開に注目したい。

ドローンビジネスではパイロットを目指すな！

ドローンビジネスが国内外で大きく発展しており、さらに今後も伸びていくことが予想されていることを解説しました。そして空の産業革命実現のために、ドローンビジネスを政府が後押ししてくれていることもお話ししました。**ドローンビジネスには多くのチャンスが埋まっている**ことが理解できたと思います。どうでしょう、ドローンビジネスに参入したい！　という気持ちが高まってきていませんか。

第2章からはいよいよドローン1.0や2.0のビジネスの現場で、どのようなことが行われているかを紹介しますが、その前に、これから参入しようとする皆さんにお伝えしたいことがあります。それは、

ドローンビジネスではパイロットを目指すな！

ということです。パイロット、つまりドローンの操縦者でなければ、稼ぐことができ

ないのでは？ と思うでしょう。でも、そんなことはないんです。

たしかに飛行機やヘリコプターのパイロットといえば花形の仕事です。でも航空会社を想像してください。そこで働いているのはパイロットだけでなく整備員や地上クルー、さらに運航を計画する人もいれば、利用者を増やす施策を考える人もいます。

ドローン業界もパイロットは一部で良いと、私は考えています。**日本のドローンスクールはパイロットの育成を目指しているところがほとんど**です。つまりパイロットの供給はとどまることがなく、すでに働いているパイロットも多くいます。これから**新規でパイロットとして参入しても、ビジネスを成功させることは難しい**でしょう。

もちろんパイロットも大切な仕事であることは間違いありません。ドローンの実際の飛行ルートを計画する、飛行ルート上の天候や風向、飛行の障害になりそうな建物の有無や、電波障害の有無を確認するといった、**安全に運航させるための実務面**については、**パイロットが責任を負う**ところです。

現在、機械を操縦したり、安全に配慮する必要がある仕事に就いていたりする人にとって、ドローンのパイロットはチャレンジのしがいがあるといえるでしょう。ただし、すでにパイロットの数が多いことを、ぜひ頭の片隅に入れておいてください。

ドローン業界において、いま**圧倒的に足りない人材**は、**ビジネスをプランニングする人**、あるいは**エンジニア**です。

プランニングする人の仕事について説明しましょう。例えばドローン1.0のビジネスとしてこのあと紹介する、農薬散布について。実は農薬散布で最も稼げるのは実際に散布をするパイロットではなく、仕事を取ってくる営業だといわれています。

水田を見て回り、農薬散布ができそうな場所を見つけ、農家さんにドローンでの散布を提案することが営業の仕事。営業が1件20万円の農薬散布の仕事を2件得て、1件10万円でパイロットに発注した場合、営業は20万円儲かります。

でも、その仕事を受けて実際に散布するパイロットは、自身の都合などで1件しか受けられなければ、10万円しか稼げないわけ。どちらがビジネス的に効率的かといえば、間違いなく営業の人でしょう。

このほかにも、自分で**ドローンを飛ばさずに展開するビジネス**がいろいろと考えられるはずです。１００ページからはそういったビジネスの一例を紹介しています。自分自身のこれまでのキャリアも振り返りながら、参考にしてください。

また、ドローンのエンジニアには、機体を制御するアプリケーションや、風や雨に強い機体の開発といった、より良いドローンの製造が求められます。現在、もしあなたが、機械を扱う仕事に携わっているのであれば、機体の販売やメンテナンスといった面で力を発揮することができるはずです。

空の産業革命ロードマップでも解説したように、ドローンは各分野で様々な活用方法が想定されています。また、自分自身がパイロットとなるだけでなく、ドローンを飛行させずにビジネスを展開する方法があることもお話ししました。

ぜひ皆さんには、第2章以降を参考にして、**ドローンを活用した新しいビジネスを、どんどん作り出してほしい**と思います。

なお、空飛ぶクルマについては、ここまであまり触れませんでした。まずはドローンについて、きちんとお話をしたいからです。空飛ぶクルマの現在の開発状況や、今後の展望は、第5章から詳しく紹介します。

ドローンビジネス始めてます！

File.1

農業 北田諭史 （52歳）

前職：地盤補強会社経営（現在も継続）
ドローンスクール入学：あり
ビジネスを始めた時期：2018年2月
所有資格：一等無人航空機操縦士、「AGRAS農業ドローン協議会」インストラクター　ほか
使用する機体：DJI Agras T10、DJI Agras T20、DJI Agras T30、DJI Agras MG-1　ほか
初期投資：約500万円、800万円（グローバルリング資本金）

message

農業ドローンの発展はまさにこれから
リスクを取っても参加して！

――ドローンとの出会いは？

北田　2016年にドローンビジネスのセミナーに出席したんです。私は地盤補強会社を経営していますが、セミナーを通じて建築関連で使えそうだと感じました。ただ、その後、当時すでにヘリコプターを農業に利用しており、その代替としてドローンが使えるとわかったので、むしろ農業でビジネスがしやすいと考えました。1年間検討し参入を決断。同じ頃に参加した農業ドローンセミナーで意気投合した仲間と、彼らの地元の北海道でビジネスを始めました。2018年2月のことです。

――これまでと違う業界に飛び込むのに躊躇は？

北田　農業は高齢化など、私の本業である建設業と同じ課題を抱えています。農業においても課題解決にかかわる仕事が生まれるのは必然なので、早く飛び込むことにしました。

――事業をどう展開していきましたか。

北田　1年目は仲間の知人の依頼等を受けて、夏の間に約260ヘクタールの水田に農薬散布を行い、260万円を売り上げました。その後、関東に戻ってから、以前に通ったドローンスクールのメンバーと「グローバルリング」という会社を設立し「SkyFarm」ブランドでビジネスを行っています。2年目は長野県や北関東、北海道などでの農薬散布や、空撮案件も受けて600万円ほどの売り上げになりました。また今後に向け、徳島県で果樹への農薬散布を開始しています。果樹には毎月のように散布しなくてはならないのですが、ドローンを活用すれば、労力を3～4割ほど軽減できると感じています。

――どんな人が向いていますか。

北田　これまで農業とは無縁だったとしても、データ分析や3次元測量を通じた自動操縦ルートの作成などテクノロジーに興味を持つ人に、ぜひ参画してほしいです。

第2章

ドローン1.0のビジネスハック

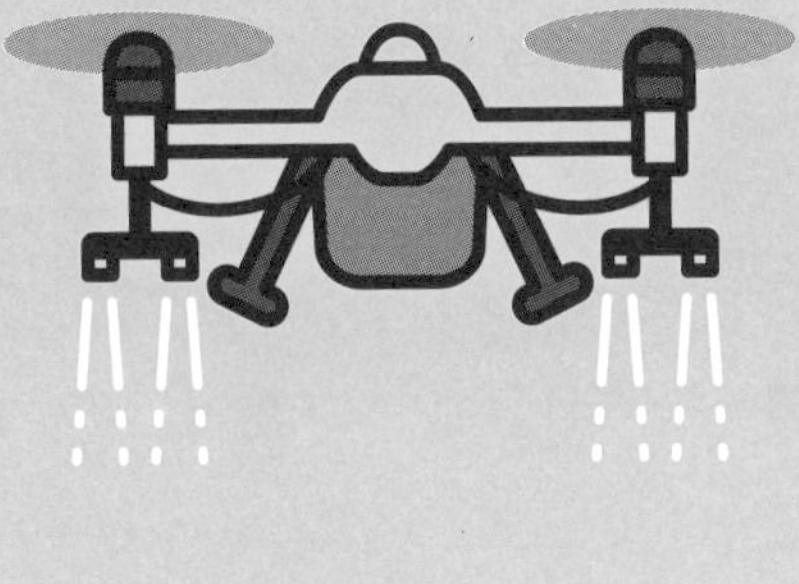

空撮（1）まず空撮から始めよ。でも空撮〝だけ〟はやるな！

ドローンビジネスを始めようと考えた時、空撮の分野から参入する方が多いです。家電量販店や通販サイトでは、様々なカメラ付きドローンが販売されています。それらで撮影するところからドローンの操縦に慣れていき、空撮の技術が応用できる点検や巡回警備など他の分野に挑戦していくのは自然な流れ。以上のことからも、**空撮の分野はドローンビジネスの基本**であるといえます。

空撮はクライアントを見つけやすい点でも参入しやすいといえます。例えばあなたが「ドローンを始めたんですよ」と周りに話すと、知り合いの会社がPR動画をドローンで撮影してほしいと依頼してくれるかも。また、私は以前、ハウスメーカーさんから、ある住宅を撮影するという案件をいただきました。神奈川県川崎市の新興住宅街に残った古い民家の記録を、その住民の子供や孫の代に残したいというリクエスト。そこで、空撮で古い民家と新しい周囲の住宅を対比する映像を撮影しました。

このように空撮では、幅広くクライアントを集めることができます。ただ、参入しやすいということは、それだけ**プレイヤーの数が多い**ことも予想できます。

ここで51ページで紹介した「ドローンビジネスのサービス市場の分野別規模」グラフにおける、空撮の分野に注目してください。2028年度にかけて、**最もシェアが少なくなり、なおかつほとんど伸びていかない**ことがわかります。

空撮の分野の仕事が増えていないわけではありません。後述するように、現在では様々な施設のPR動画や、テレビ番組での活用などが進み、**空撮の仕事は増加**しています。ではなぜグラフが伸びていないのかというと、このデータは仕事の数ではなく金額で書かれているから。つまり、空撮の仕事における撮影費のトータルの金額なのです。仕事が増えているのにグラフが伸びていないということは、**撮影費の伸びが鈍くなっている**ことを示しています。

撮影費が伸びない理由は2つあると考えています。1つめに、**ドローンで空撮している人が増えている**から。前述したとおり、日本国内で一般的に購入できるドローンのほとんどにはカメラが付いています。現在、機体登録[1]されているドローンは約33万機といわれています。それらの1割にカメラが付いていないとしても、残り30万機で空撮が可能であれば、それらを使って「とりあえず空撮を始めよう」という人がどんどん増えるわけです。これはもう**完全にレッドオーシャン**[2]です。

1 100g以上の機体は、国土交通省に機体登録をすることが義務付けられている。詳しくは144ページの注釈を参照。

2 競争相手が多く、血で血を洗う「真っ赤な海」のような市場・分野という意味。反対にライバル企業が存在せず、晴天の海のような状態を「ブルーオーシャン」という。

２つめの理由は、**誰でも綺麗な空撮映像を撮影できるドローンが、年々安く手に入る**傾向にあるためです。昔は背景がぼやけるような写真は、高価なレンズを装備した一眼レフカメラで撮影しなければならず、フォトグラファーに相応の撮影費を支払いました。ところが現在、そんな写真は、iPhoneでも撮影できます。

同じことがドローンでも起きています。アメリカのスタートアップ企業Skydioでは「Skydio 2」という機体を２０１９年に発売しました。この機体はＡＩが搭載され、４Ｋカメラが機体の６箇所にちりばめられているのが特徴。映像を認識し、障害物を認めたＡＩが判断して、自動的にベストな方向に回避してくれます。これを応用して、被写体に対してベストなアングルをＡＩが考え、自動的に移動することも可能です。また、ビーコンと呼ばれる発信機の信号を自動的に追尾する機能を使えば、高速で移動する被写体を機体が勝手に追いかけて撮影する、なんてことも。この機体、残念ながら日本では一般発売されず、すでに取扱も終了していますが、アメリカでは個人利用者向けに、当初９９９米ドルで発売されました。

２０２３年７月に発売されたＤＪＩ「Air 3」は前方、後方、上空、下方いずれにもセンサーが取り付けられ、障害物を検知・回避できます。カメラも有効画素数が48メガピクセルの広角・中望遠カメラを搭載し、当然４Ｋでの撮影も可能。価格は12万9

800円[1]と2021年に発売された前モデル「Air 2S」から1万円ほど値上がりましたが、わずか2年で大幅な性能向上を実現しました。

2020年頃までは腕利きのパイロットがテレビ局から撮影の案件を受注し、1件で100万円稼ぐといった例もありました。しかし、さほど高額ではない[2]高性能なドローンが、すでに多く販売されています。良い機材を使えば、良い映像を撮影することは容易でしょう。ドローンの操縦や撮影方法の習熟は必要ですが、**高度な操縦や撮影は、ドローンやアプリケーションが助けてくれます。誰でもできるような撮影に、高額な撮影費を支払ってくれるクライアントはいません**。

空撮の分野では向かい風が吹いており、これからドローンビジネスに参入しようとする方に対しては、あまりおすすめできません。ただし私は「ビジネスで空撮はやるな」とはいいません。**「ビジネスで空撮〝だけ〟はやるな!」**と伝えたいのです。空撮の分野にもチャンスはあります。そのチャンスの掴み方をお話ししましょう。

1 プロポ(操縦機)がついた最安値のモデル。

2 4K撮影ができるミラーレス一眼カメラのボディのみの値段が10~20万円。これにレンズが別途必要となりその値段もかかる。ドローンが安価であることがわかるだろう。

空撮（2） 企画＋撮影・空撮＋編集でグランプリ獲得を目指せ

「ビジネスで空撮〝だけ〟はやるな！」とは**「動画制作をまるごと受けよ」**ということです。**空撮とは動画制作におけるごく一部のパート**なんです。

近年、ＰＲ動画を必要とする企業が増えており、動画制作ができる人の需要は増加の一途。ですが、企業側は多くの人手やコストをかけられません。必然、**１人で動画制作のどんな仕事もできることが求められます**。空撮ができれば強みになりますが、多くのクライアントは空撮のクオリティではなく、完成した映像の品質の高さを求めているのです。**空撮はあくまでスパイス**だと心得ましょう。

動画制作に最も必要なもの。それは**「ストーリーテリング」**です。つまり動画を通じて伝えたい思いを、ストーリーに仕立てて構成すること。日本語では「企画」といえるでしょう。そして、ストーリーテリングに合わせて絵コンテ[1]を作り、地上から撮影したり、空撮したりします。さらに、撮影した映像を編集[2]し、完成させます。ひと通りの動画制作ができる人材になれば、**大きな制作費を得られる**でしょう。

私がある企業の新卒採用動画を制作した際には「こんなに楽しい仕事ができるんだ

1 どんな画面づくりをするか記載した指示書。絵を描くのが苦手であれば、文字でまとめても良い。

2 撮影した映像をただつなげるだけでなく、シーンとシーンの変わり目に入れる効果（トランジション）や音楽をどうするか、テロップ（字幕）の準備、動画の内容を端的に紹介するサムネイル画像の作成など、動画制作でやることは多い。

よ」というクライアントの思いを表現したストーリーテリングを考えて、動画に仕立てました。その結果、制作費として200万円をいただくことができたのです。この時に使用した機材は手持ちのiPhoneと空撮ドローンで、新しい機材の導入はなし。それでもクライアントから好評をいただき、次の年の仕事へとつなげられました。

このように空撮だけではなく、動画制作をまとめて請け負うことで大きな金額の仕事を得られることがわかりました。でも**実績がない人に、仕事は依頼されません**。では、どうやって実績を作ればいいのか。手段は2つあります。

1つは**コンテストでグランプリを獲得すること**。様々な映像コンテストに出品し、グランプリを目指すのです。一番であることが重要です。すると、テレビ局や映像制作会社からの依頼がガンガン届くようになります。残念ながら**準グランプリに仕事の依頼はありません**。必ずグランプリを目指してください。

もう1つは**撮影費を気にせず、機会があったら挑戦すること**。私はドローン大学校の修了生に対して「機会があれば無料でも仕事をやれ」と話しています。なぜなら、**現場で経験することが自分の実績になり、自分自身の価値の向上につながる**から。空撮の分野に限らず、ドローンビジネスを行ううえでの鉄則になります。

空撮（3） 自分にしか撮影できないものを狙え

空撮の分野でドローンがどのように活用されているか見てみましょう。

10年ほど前まで、ゴルフ場のコースは、ティーグラウンドからグリーンに向かって撮影した写真と地図で案内されていました。ところが、ドローンが登場したことにより、コース上を空撮した映像が提供できるようになりました。映像があればコースの攻略イメージを高められますし、ゴルフ場側もコースのレイアウトを詳細にアピールできます。

タワーマンション(1)のセールスポイントの1つに眺望があります。しかし購入契約時にはまだマンションが完成しておらず、眺望が確認できないという問題が発生していました。そこで、ドローンを使用して各階からの眺望イメージを撮影。その映像を見せることで、購入希望者の気持ちを高めたり、購入キャンセルを減らしたりすることに役立てています。

1 概ね20階以上の高さがあるマンション。都会に建つ印象があるが、近年は地方でも増えつつある。

風光明媚な観光地を紹介するために、ドローンで空撮することも積極的に行われています。例えば満開の桜並木が自慢の観光名所では、ドローンで桜の木に接近したところから撮影を始め、だんだんと桜の木から離れていき、次第に桜並木の全貌が見えるという映像を撮影し公開すれば、魅力が大いに伝わるでしょう。

もしあなたが観光地の近くに住んでいるのなら、季節ごとに観光地を空撮してください。また、イレギュラーな状況が起きたときにも、対処するようにしてください。例えば桜のシーズンになっても、天候によっては冷え込んで、雪が降り、積雪することがあるかもしれません。満開の桜が積雪する様子を撮影できるのは、住んでいるあなただけ。千載一遇の機会にしっかり映像を撮影しておきましょう。その映像を必要とする人にとっては、とても価値があるものです。

空撮だけで稼ぐことは難しいですが、**自分にしか撮影できない映像を撮るチャンスがあるなら儲けもの**。こういった自分の強みを探しながら、空撮にチャレンジしてください。

空撮（4）メタバースにも活用できる！

現在、インターネット上にある仮想空間、いわゆるメタバースの活用について議論が交わされています。現実の街と見紛うほどリアルに作り込まれた世界[1]で、自分の分身であるアバターを使って人々と交流する。そんな使われ方をよく聞きます。

メタバースでもドローンを活用することが可能です。といっても、仮想空間でドローンを飛行させたり、空撮したりするわけではありません。

仮想空間に街を再現するため、ドローンを使って様々な角度から撮影した画像データが活用されています。通常のカメラや赤外線センサーなどが使用されますが、360度カメラを搭載したドローンで撮影したデータも使用。360度カメラでは、180度以上を撮影できる広角レンズを搭載したカメラを組み合わせ、カメラの周囲360度を撮影できます。カメラの周囲を取り囲む景色を記録し、そのデータをもとに、仮想空間に街を作り上げていくのです。

360度カメラは、撮影者が持ったスティックの先端にカメラを取り付けて撮影す

1 デジタルツインと呼ばれ、街を仮想空間上に再現することで、災害対策や再開発のアイディアを考える取り組みが行われている。

るスタイルが一般的。でも、これだと撮影者が映り込んでしまいます。その点、ドローンの上下に360度カメラを搭載し撮影した映像を組み合わせることで、撮影者が映り込まない、クリアな映像ができあがります。

仮想空間づくりに使われる360度カメラで撮影した映像は、ただ見るのも楽しいです。YouTubeには360度カメラの映像が数多くアップロードされています。スマートフォンやPCでも楽しめますが、視点を変えるには映像を指やマウスで触れて動かすので、没入感が少ないのが難点。ところが、VRゴーグルを装着すれば視界一面が映像になり、頭を振った方向の映像を見られます。没入感が高く、仮想現実のような世界を体感できるのです。

Appleは「Apple Vision Pro」というVRゴーグルを、2024年に発売すると発表しています。またVRゴーグルの開発・販売では先行するMetaも新機種「Meta Quest 3」を投入し、VRゴーグル市場は今後盛り上がりを見せそう。それに伴い、**メタバースでのビジネスも活性化**することが予想されます。ということは、ドローンに360度カメラを付けて撮影する仕事も、もっと増えていきそうです。ドローンだけでなく、メタバースに関しても勉強しておかなければなりません。

点検（1）人と機械のハイブリッド活用でチャンス増加中！

橋りょうや鉄塔、送電線にトンネルなど、私たちの生活に欠かすことができないインフラ。その点検作業に、ドローンの活用が進んでいます。

51ページのドローンビジネス調査報告書によれば、点検分野は２０１７年に5億円の市場規模だったところ、２０２２年度にはなんと**約１２０倍の６０２億円へと拡大**。今後も伸展が期待されています。参入しない手はなさそうですが、なぜ点検分野での活用が増えているのでしょうか。

２０１２年12月、中央自動車道笹子トンネルで天井板が落下する事故が発生。これを契機に２０１４年から、トンネルや橋りょうといった道路のインフラの点検は、近接目視により、5年に1回の頻度で行うと決められました[1]。5年に1回とはいえ、近接目視をするためには多大な準備が必要です。トンネルであれば道路を通行止めにし、足場を組み、人が登って目で見て確認を実施。その間、道路を使えないので自動車にとって不利益ですし、足場を組むコストや作業員の人件費も必要です。また高所作業は作業員が落下する危険もあります。

1　道路法施行規則（２０１４年3月31日公布、７月１日施行）を参照。

その点、ドローンなら、**検査する場所へ直接飛行が可能**。搭載されたカメラで撮影し、その画像を解析して、問題がないか調べられます。道路の通行止めはドローンが飛行する間だけすればよく、高所作業も必要ありません。

このような利便性の高さから、**近接目視による点検をドローンに置き換える**動きが進んでいるのです。

よく議論されるのは、人間による点検の精度のほうが高いのか、機械による点検の精度のほうが高いのかということ。高度経済成長期[2]以降に建設されたインフラは、今後老朽化が進み、点検の重要性は高まるばかり。それを踏まえると、私は**人間と機械、両方を組み合わせて点検を行えばいい**のではないかと思います。例えば5年に1回の近接目視は人間が点検し、その間はドローンで点検するのです。ドローンに検査用の飛行ルートをあらかじめ入力しておけば、自動的に対応してくれるので、人手や労力が少なくなります。検査の頻度を上げ、老朽化するインフラへの対策を取りやすくする必要があると、私は考えます。

ドローンによる点検に興味を持つ企業や自治体はますます多くなる見込み。もしあなたがインフラを担う企業や自治体とつながりがあるのなら、点検分野のドローンビジネスに参入することを検討してみてはどうでしょうか。

2　1955年頃から1973年頃にかけて、日本の実質経済成長率が年10%前後で推移した時代のこと。

点検（2）橋りょう、送電線、下水管……インフラを守る

インフラ点検の分野でドローンがどのように使われているか、その実例を紹介していきましょう。

橋りょう

従来の橋りょう点検の方法は、クレーン車のゴンドラに人間が乗り込み、橋に近づいて確認するというもの。橋の下が平らな地面であれば高所作業車で対応できそうですが、そうではないことが多いのが実情です。また、橋の下が水面の場合は、橋の上から下に向かって、クレーンのアームがぐるりと回り込む、特殊なクレーン車を使用します。当然高所作業車を駐車するため、道路を通行止めにする必要もあります。

その点、ドローンであれば、**橋の下がどうなっているかは関係ありません**。クレーン車のゴンドラでは入り込むことが難しい狭い場所でも、簡単に向かえます。また、橋りょうとは少し異なりますが、河川に架けられた水管橋[1]などの点検にも、ドローンが活用できるでしょう。

1 2021年10月、和歌山県和歌山市の紀の川に架かる水管橋が崩落し、市内の約6万戸で断水が発生した。この事故の原因を調査する際にドローンが使用され、崩落を免れた水管橋の吊材4本が切れ残っていることを発見。ドローンが事故調査に活用されたが、事故が起こる前にドローンで検査を行っていれば、避けられたかもしれない。

送電線・鉄塔

見上げるほど高い鉄塔や、その間を通る送電線は、作業員が登って点検しています。しかし、鉄塔の点検は高所で行う作業なので、当然転落のリスクがあります。また、送電線の点検時には電気を止めることが理想的ですが、市民生活や経済活動を考えれば、停電は避けたいところ。そのため送電線のバイパス回線を作り、そちらに電気を流した上で、もとの送電線を点検しますが、バイパス回線の設置に対して高額なコストが発生します。そこでドローンが活用されています。

ドローンで送電線や鉄塔を点検する場合のメリットをお話ししましょう。

まず、ドローンは送電線に触れないので、電気を止める必要がありません。つまり、**日常的に送電線を使用している状態で点検できる**のです。

また、送電線は通常、熱を帯びていますが、異常が発生すれば高温や低温になります。ドローンに搭載された赤外線カメラで撮影すれば、送電線の熱さ

ブルーイノベーションのセンサーモジュールを搭載したDJI「MATRICE 300 RTK」を使用して送電線を点検する様子。かなり接近してチェックが可能とわかる。(写真提供：ブルーイノベーション)

は一目瞭然。もちろん、**高所作業の必要がなくなるので、作業員の落下リスクもありません**。

現在は通信事業者が携帯電話基地局の鉄塔を市街地に設置しており、その保守点検の需要も高まっています。あなたが通信事業者と取引しているのであれば、参入することを積極的に検討してみましょう。

風力発電のプロペラ

自然エネルギーの利用が叫ばれる中、風力発電が注目されています。海岸線に大きな白い風車が並び立つ姿を見たことがある読者も多いでしょう。また、洋上風力発電の研究も進められています。一般に風は陸上より海上のほうが強く、しかも安定して吹いています。そこで海の上に風車を立て発電しようというのが洋上風力発電です。

風車に取り付けられたプロペラは雨風にさらされるので、点検が必須。このプロペラはＦＲＰ[1]で作られており、もともとは黒いのですが、あえて白く塗装しています。こうすることで、紫外線から受けるダメージを減らすことができるほか、クラック（割れ目）が入ったときに、黒い線が入り、見つけやすくする効果もあります。

プロペラの点検も、やはり人間が行っています。風車の上部に結んだロープにぶら

1 繊維強化プラスチック。樹脂を繊維にして編み込んでいくことで強度を出している。

下がって点検し、場合によっては補修も行います。しかし、プロペラの大きさは発電する出力によって40~200mほどと巨大になり、作業員は相当な高所での作業を強いられます。しかも、作業する際にはプロペラを止める、つまり発電を止めなくてはいけません。

その点、ドローンを使用すれば**プロペラを止めることなく点検が可能**。撮影によりクラックの有無を確認できるうえ、赤外線カメラを使えばクラックから雨水が入ることで生じる温度差もチェックできます。

下水管

下水管には人が入れるほどの大きさのものがあれば、そこから分岐して人が入れないほど狭いものもあります。人が入れない下水管の点検にはクローラ(2)を履いた、カメラ付きロボットを使用することがあります。しかし、途中で障害物にあたるなど、進むことが困難な場所もあり、1日に点検できる距離は300メートル程度。

一方、小型ドローンなら、**わずかな隙間でもすり抜けられます**。その結果、点検できる距離もロボットと比べて**5倍近く**に伸長。ロボットとドローンでかかる人手はあまり変わらないものの、点検作業は効率化できるため、今後も使用が増えそうです。

2 日本語では履帯や無限軌道と呼ばれる、いわゆるキャタピラのこと。

ダム

ダムでは、水をせき止め貯める本体にあたる堤体や取水口といった外部に露出している場所の点検にドローンが活用されています。点検の方法は橋りょうなどと同様で、検査する箇所にドローンを飛行させ、カメラで撮影。画像データを解析して異常がないか、診断しています。

また、ダム内部にある、各種の作業を行うスペースの監査廊なども、点検の必要があります。クラックがないかなどを作業員が歩きながら目視で点検しており、かなりの負担になっていました。この検査をドローンに代替させる動きが出ています。作業員が点検するよりも**大幅に作業時間を減らす効果がある**と期待されています。

第4章で解説する通り、ドローンの飛行には航空法により様々な規制があります。しかし、航空法が適用されるのは屋外で飛行させる場合だけで、**屋内での飛行に規制はありません**。そのため、煙突や地下鉄のトンネルの点検などでも、ドローンの利用が増えつつあります。

点検（3）ソーラーパネル、屋根点検……生活を守る

ここまでは社会基盤であるインフラを守るために、ドローン点検が活用されていることを紹介しました。一方、個人の生活を守るシーンでも、利用されています。

ソーラーパネル

太陽光を受けて発電するソーラーパネルは、開いた土地に大規模に展開されるケース[1]があり、インフラとも呼べますが、近年では個人宅に設置されることも増えています。電気料金が高騰するご時世で、少しでも自前のソーラーパネルで発電し電気代を抑えたいところですが、時には発電量が減少することも。雹《ひょう》が降ったり、トリがくわえていた石を落としたりして破損したソーラーパネルが発電していないのです。最悪の場合、ショートして火災の原因になることも考えられます。

そこで、ドローンでソーラーパネルの上から点検します。**赤外線カメラを使用して****ソーラーパネルの温度を測り、他と比べて温度差があるパネルを特定する**のです。

また、破損していなくても、雨が降るなどしてソーラーパネルが汚れ、効率的に発

1 メガソーラーと呼ばれ、1000kW以上の発電規模を持つ大規模な太陽光発電システムのこと。発電の仕組みは個人宅に設置されたソーラーパネルと同様。

電できないケースもあります。そんなときは、水を撒けるドローンで**洗浄液をかけて、パネルを綺麗にする**ことが効果的。ソーラーパネル点検に参入するなら、点検＋洗浄ができるようにして、クライアントにアピールしましょう。

屋根点検

ソーラーパネルを設置していない住宅はあっても、屋根がない住宅はありません。その屋根が経年劣化で破損し、雨漏りに悩まされることは起こり得ます。それを未然に防ぐためには、ドローンで屋根点検をするのが良いです。**傷んだ箇所を酷くなる前に点検で発見できれば、安い金額で修繕が可能**でしょう。

また、屋根の修理費は火災保険でカバーできることがありますが、保険会社に対し、写真を付けた報告書の提出が必要。この撮影にもドローンは有効。実は点検するために登ったら、屋根を壊してしまったというケースは結構あります。そのため悪意がなくても保険会社から疑われてしまうことも。その点、ドローンで撮影すれば**穴を開けることはない**ので、**写真に対する信憑性が高まる**といわれています。建築業や不動産業に携わるあなたであれば、比較的参入しやすいのでは。

点検で利用される機体

屋外の点検で使用するドローンには、大小様々なものが存在。橋りょうの下やトンネルなどを点検したい場合には、Skydioが開発した「Skydio 2+」が活躍。従来のドローンによる飛行が難しい、GPS電波が弱い場所での飛行を可能にするVisual SLAM機能や障害物回避機能などを搭載します。また国産機では、ACSLの「蒼天」が小型ながらカメラを取替可能。シーンに合わせてカメラをチョイスできます。

下水管などの点検では設備を傷つけないように、ローターや機体全体をガードで覆ったタイプが使用されます。国産メーカーであるLiberawareの「IBIS2」は狭くて暗い屋内で飛行させることを前提に開発。鮮明な画像を撮影し、その後の3Dデータ作成や解析までカバーしています。

ところで点検作業には、検査箇所をハンマーで叩き、音を聞き取って点検する**「打音検査」**と呼ばれる手法があります。ドローンでも同じことができないかと検討されていますが、飛行中に発生する音が邪魔でまだ難しい様子。もしこれが実現できる機体が開発されれば、点検分野でのドローンの活用が一層進むでしょう。

IBIS2（写真提供：Liberaware）

Skydio 2+（写真提供：Skydio）

建設土木（1）i-Constructionの要はドローン

51ページのグラフによると、2022年度に**212億円の市場規模を記録**している建築土木の分野。今後も市場は大きくなる見込みですが、点検や農業と比べると控えめな予測です。ただ、空の産業革命ロードマップでも解説した通り、建築土木の分野は、政府が力を入れています。では、どんな仕事が伸びるのでしょうか。

2016年から始まった未来投資会議[1]では、当時の安倍晋三首相が橋やダムなどの公共工事で**ドローンを活用し、測量の効率化**を図り、**建設現場の生産性を向上**すると表明しました。これを受けて始まったのが**「i-Construction」**という取り組み。この中でドローンに期待されている役割が**「3次元測量」**。すなわち地形や建物といった対象物を、ドローンが空中から撮影し、立体的なデータを得ることです。この情報を元に、立体画像を作成する、つまり**「3Dモデリング」**も可能になっています。

具体的にどのような使われ方をするか見てみましょう。山を削る作業では、まずドローンを使用して精度の高い3次元測量を行います。データを分析することで、削り

1 将来の日本の経済成長に欠かせない分野を見極めて、今後の成長戦略を話し合う会議。議長は内閣総理大臣。

出す土の容積が算出できるため、山を削るのに必要なショベルカーの台数や稼働日数、削り出した土を運ぶダンプトラックの台数が割り出せます。この結果、**不必要な人員や重機を準備する必要がなくなり、コストダウンにつながる**のです。また、ドローンで測量したデータを活用して必要な検査を行い、データを関係各所と共有すれば、これまで**必要とされた書類の提出も不要**になるとしています。

バブル崩壊後、建設業に対する投資が減っている、つまり仕事が減っているにも関わらず、就業者数は多く、人材の過剰供給が続いていました。[2] ところが近年では、就業者が高齢化する一方で若年者の入職が少ないため、人材不足が目立ち始めています。そこでドローンを始めとしたICT技術の活用によりi-Constructionを推進し、**労働力不足の解消をねらっている**わけです。

2 国土交通省「i-Construction～建設現場の生産性革命～（2016年4月）」を参照。

建設土木（2） 測量はお手の物

ドローン測量でアフリカ大陸を開発！

これまで主に国内におけるドローンの活用事例をお話ししてきましたが、世界にも目を向けてみましょう。今後、地球上で最も活発に開発が進むのはアフリカ大陸だといわれています。開発は人間に必要な水と電気を通すことからスタート。そのため**最初に取るアクションが測量**です。

測量の方法には大きく分けて3種類あります。

① **地上測量** トータルステーションと呼ばれる望遠鏡型の機械などを使用して行う測量。町中でもよく見かけますね。このほかにもGNSS測量機などを使うこともあります。

② **空中測量** 文字通り空中から行う測量。飛行機から地上の写真撮影を行い、地上の情報を集めます。従来は小型飛行機のセスナやヘリコプターが利用されていま

したが、最近はドローンで代用できるようになりました。

③ **衛星測量** 人工衛星から地上を撮影する方法。地上測量では複数点間を結んで計測する必要がありましたが、衛星測量では観測地点と衛星の距離が分かれば、測量が可能です。

それぞれの方法で測量した場合、かかる費用は、金額が大きい順に③衛星測量、①地上測量、ドローンを使った②空中測量となります。また、作業にかかる時間は、長い順に①地上測量、②空中測量、③衛星測量。なお、測量の誤差は、地上測量であれば数㎜、ドローンを用いた空中測量であれば数㎝であるといわれます。衛星測量は観測地点と衛星の位置関係によりますが、かなり高精度で測量が可能です。

例えば、地上測量で20日間かかり、２００万円の作業費になる仕事があったとしましょう。ドローンを用いた空中測量なら日数も金額も10分の1、つまり2日間で20万円にて受けられます。一方、衛星測量は地上測量の10倍、つまり２０００万円かかりますが、時間は空中測量の10分の1となります。

以上を踏まえて、アフリカに水道管を建設するケースを考えます。水道管をつなげる際、数10㎝誤差が出ると、つなげられないことがあります。その一方で、数㎝の誤差であれば現場で調整することが可能です。さらに、作業にかかる費用や日数を勘案すれば、**ドローンによる空中測量が、コストパフォーマンス、タイムパフォーマンスにおいて最も優れている**とわかります。アフリカの開発ではドローン測量が中心になると予想できるでしょう。

シンプルな空撮も活用できる!

日本でのドローン測量に話題を戻しましょう。国内における測量の種類には、大きく分けて、**公共測量**と**民間測量**の2つがあります。公共測量は国や地方公共団体の発注によって行われる測量であり、地図を作成したり、区画整理した面積を確定したりするために行われます。民間測量は、公共測量以外の測量です。

公共測量では高い精度(1)が求められます。ドローンでも対応することは可能ですが、ドローンで難しい部分は、地上測量で測量します。

ところが、測量を行う際に、ケースによって必ずしも高い精度が必要ではないことも。例えば山を削ってトンネルを通したり、高速道路や鉄道の線路を通したりする場合、最初にするのは工事に向けて詳細な図面を作成するため、地形を測量すること。このデータをもとに、どこに線路や道路を通すか検討します。この際にドローン測量が有効です。ちなみに、山の中にRTK基準局を設置することができるのであれば、

1 UAVを用いた公共測量マニュアル(案)によれば、ドローンによる公共測量を行う際には、行う作業によって誤差を5㎝に収める必要がある。

ドローンと組み合わせることで、より高精度での測量も可能。こうして得たデータをもとに、土木建築の現場を作っていきます。

工事に入ると、悪天候や資材不足など、スケジュール通りにいかないこともしばしば。この他に、岩盤が硬かったり、予想外に古墳など文化財が出土したりして、調査のために工事が止まることもあります。**工事の進捗状況を空撮しておけば、クライアントへの報告に役立つ**でしょう。

また、万が一事故が起きれば、空撮写真をもとに事故前後の状況を比較して原因究明に活用できます。建築土木の分野でのドローンの活用は、測量ばかりではありません。シンプルな空撮でも威力を発揮するわけです。

測量に使用できるドローンには様々なタイプがありますが、価格が高くなるほど精度の高い測量が可能になります。

農林水産（1）　セミFIREも夢じゃない！　そしてさらなる夢へ

農林水産、特に農業については、これまでにドローンが最も入り込んでいる分野です。ドローンビジネス調査報告書が調査を開始した2017年度において、市場規模における最大のシェアは農業で、108億円を記録。**2022年度には461億円**へと増加しています。空の産業革命ロードマップでも農林水産業での活用を進めることが表明されており、今後も市場は拡大していくでしょう。

ドローンは**農薬散布**に活用されています。農薬散布というと、多くの人はアメリカのような広大な大地で、飛行機やヘリコプターを使用して撒く様子をイメージするのでは。一方、小規模な土地では管理機と呼ばれる農業用機械が活躍しています。トラクターの両端に長いアームが付いており、先端のノズルから農薬を撒く仕組みです。さらに小さな土地では、噴霧器や散布機を背負った人間が撒いています。

管理機が使われる土地や、さらに小さな土地での農薬散布を効率化するため、ドローンの活用が進められています。また、地上で農薬を撒く以上、どうしても人間にかかるおそれがあり、**健康を守るためにも利用が望まれています**。

ドローン大学校の修了生には、農業、特に農薬散布の仕事に興味を持って入校し、修了後、さっそく事業を始めている方が多くいます。中には、**初年度から月に100万円を稼いだ**という人も。日本各地でドローンの農業分野での活用が進められている昨今、**仕事は増える傾向にあるので、仕事を得やすい**といえます。

もちろん簡単ではない部分もあります。農薬散布が行われるのは春の終わりから秋の初めにかけて。真夏の最盛期には日の出から日の入りまで、灼熱の太陽のもとで作業しなくてはいけません。それに耐え、農業の知識や技術をマスターすれば、一般的なサラリーマンの年収を夏だけで稼ぎ、冬は働かない「セミFIRE」[1]のような生活も夢ではありません。

農業では空撮に使う機体よりも、もっと大きなドローンを使用しています。例えばDJIの「Agras T30」では30L（30kg）の農薬を積んで飛行が可能。第3章のテーマになりますが、今後**物流ドローンが発展するなかで、大型ドローンを取り扱った経験がある人材が求められる**と予想されます。操縦の腕を磨いておけば、来るべき物流ドローンが主役となる時代に、引く手あまたの人材になれるかも。

これから**ドローンビジネスを始めたいあなたが目指すべきは、空撮分野ではなく農業分野**であることは明確です。

1　Financial Independence, Retire Earlyの略で、経済的自立と早期リタイアを柱にした生活を送ること。FIREでは株式運用で得た利益などで生活することが一般的。

農林水産（2）　ドローン対ラジコンヘリコプター　散布で有利なのは？

コストや整備のしやすさでドローンに強み

水田での農薬散布は、現在のようにドローンが活用されるようになる以前から、人が乗らずに遠隔操作するラジコンヘリコプターで行われていました。その素地があるから、ドローンによる散布が受け入れられている側面もあります。

ラジコンヘリコプターによる散布の利点は2点。１つは「ダウンウォッシュ」が強いことです。ダウンウォッシュとはローターが回転して生じる、下向きに吹く風。ラジコンヘリコプターの場合、メインローターによるダウンウォッシュが強く、散布する農薬がその風に乗り、水田の稲の根っこまで届きやすいというメリットがあります。

また、ラジコンヘリコプターはエンジンを動力にしており、飛行時間が長くなります。つまり燃料を補充する回数が減るので、効率的です。

ラジコンヘリコプターのデメリットは、音のうるささ。散布する水田の周辺には農家さんの住居があります。散布作業は農薬を撒くので、なるべく人がいない時間帯に行いたい。また水田周辺を走行する自動車など、飛行の障害になるものも減らしたい。したがって、早朝に作業を開始するのが理想的ですが、農薬散布は暑くて湿度の高い時期に行うことが多いので、風通しを良くするため住居の窓が開いていることもしばしば。朝早くからブンブンやられると住民は困るわけです。

また、事故が起きた時に被害が大きいことも指摘しましょう。機体によりますが、メインローターの大きさは2～3m近くあり、高速で回転しています。そこに手や足をあてて切断してしまったり、死亡したりする事故が発生しています。

ドローンと比較してみましょう。デメリットについて、ドローンはバッテリーで飛行するため、飛行時間がラジコンヘリコプターよりも短くなってしまいます。つまり一度の飛行で散布できる面積が狭い。効率よく散布するには、バッテリーを何度も素早く交換する必要があるので、煩わしさを感じる人もいるようです。

一方、ドローンが優れている点は、まず、**モーターを使用しているので、エンジンよりも騒音を抑えることが可能**。朝から作業を始めても、クレームを受けにくいでしょう。また、**モーターはエンジンよりも整備しやすい**ので、保守点検にかける手間やコストも、ラジコンヘリコプターより抑えられます。そして、**コンパクトに畳むこと**

ができます。ドローンのローターを取り付けるアームの部分を折り曲げることで小さくし、軽トラックの荷台に積むことも容易。

なによりドローンは**自動操縦により安定した飛行ができる**ので、**大きな事故につながりにくい**です。2023年8月現在、ドローンによる死亡事故は発生していません。今後活用が進めば事故が増えるかもしれませんが、**ラジコンヘリコプターより操縦しやすいドローンなら、事故のリスクは下げられる**でしょう。

価格を比べてみると、農薬散布用のドローンは飛行時間や農薬用のタンクの容量により変動しますが、**概ね200万円前後**。一方、ラジコンヘリコプターは新品で1000万円以上、中古でもその半額ぐらいが相場。費用の観点でもドローンのほうが有利といえますが、自分が参入しようと考えている農薬散布の現場の広さや、効率を考えて、機体を選ぶのが良いでしょう。

農薬散布用のドローンには国産機が活躍しています。NTT e-Drone Technologyが発売する「AC101」は、日本の農業現場での使いやすさを考えて作られており、導入が増加中。なお、農薬散布用ドローンは、購入時に各メーカーや代理店が開催する講習会に参加し、**取扱可能なライセンスの発行を受ける必要があります**。

液体だけでなく固形物も撒ける

ところで、農薬の種類には、農作物の害虫を駆除する殺虫剤だけでなく、成長を促す栄養促進剤も含まれます。また液体にした肥料を撒くことも可能です。

ドローンによる農薬散布で使う農薬は、ドローンのタンク容量を鑑みて、**高濃度で少量でも効果が出るもの**でなくてはいけません。そのため農林水産省が「ドローンに適した農薬」の登録数を増やす取り組みを進めています。2023年4月時点で600点以上[1]が登録されており、イネをはじめ、ニンジンやネギ、ハクサイなどの根野菜や葉物野菜、ミカンなど果樹に使える農薬が紹介されています。今後もドローンで使える農薬の開発が進むでしょう。

ところで農薬の形状には、どんなイメージがありますか。おそらく液体ではないでしょうか。ドローンで使用する農薬も同様で、**液体を希釈**して撒いています。ところが最近では、液体だけでなく、風邪薬の錠剤のような粒状の農薬も増えてきており、ドローンで撒くことも増えています。つまり、ドローンでは液体だけなく**固形物を撒くこともできる**[2]わけで、ここにも新しいビジネスのヒントがありそうです。

1 https://www.maff.go.jp/j/kanbo/smart/nouyaku.html 掲載の「ドローンに適した農薬一覧」より。本文で紹介したもの以外にも芝に使える農薬などがある。

2 アメリカでは稲の苗に金属メッキを施し、ドローンで散布する手法が研究されている。

農林水産（3）ドローンで実現！ 最先端の果樹栽培

これまでドローンでの農薬散布は、平坦な水田や畑で行われることが主流でした。今後は**傾斜している果樹園での利用が期待**されています。

ミカンなど柑橘類の果樹園は、日当たりを考慮して、傾斜地に設けられています。果樹園での農薬散布にはスピードスプレイヤーと呼ばれる車両やスプリンクラーを使って、果樹の葉の裏や、木の幹に農薬を噴霧する必要があります。また、スピードスプレイヤーが使用できない場所であれば、人が重い農薬を担いで、山を上り下りしながら散布しなくてはいけません。

ドローンによる散布が望まれますが、葉の裏に農薬を付けることに課題がありました。ドローンのダウンウォッシュでは力不足で、農薬が葉の裏にまで回らなかったのです。ところが、近年ではドローンによる散布が可能で効果も得られる農薬の開発が進んでいます。この農薬の利用と、ドローンの自動操縦を組み合わせることで、効率的な農薬散布が実現できるのではと期待されています。

果樹栽培にドローンを活用する取り組みはこれだけではありません。

果樹が実をつけるためには、おしべで作られた花粉がめしべに付く受粉が必須。リンゴやナシといった果樹は自分たちで作った花粉では受粉しづらい特性があり、人が受粉を媒介（人工授粉）する必要があります。そこで**花粉を溶液にしてドローンから散布し、花粉を人工授粉させる**という、農薬散布のテクニックを応用した研究が進められています。

傾斜地における果樹の収穫は重労働です。現在は果樹園内に収穫物を積むモノレールを敷設し、集積地まで運ぶ方法が採用されていますが、敷設には1000万円ほどかかるとも。また、レールや車両のメンテナンスも必要です。そもそも、果樹をレールまで運ぶ作業も大変です。

その点、**物を運べる大型ドローンを使用すれば、収穫場所から集積地へ、直接運べるようになります**。現在のところ、ドローンに積める量が限られているため、前述のモノレールや軽トラックなどによる運搬が一般的ですが、農家さんの負担軽減のためにも社会実装が望まれます。今後農業分野に参入する際には、研究の伸展具合をチェックしておきましょう。

農林水産（4） リモートセンシングで安定収入を確保

リモートセンシングとは、離れた場所から、各種カメラやセンサーを使用して、対象物の情報を得ること。空の産業革命ロードマップを振り返ってみると、今後【ほ場センシング】を推進すると掲げられていました。

農業分野でのリモートセンシングは、**作付けした作物の生育状況を確認する**ために利用されます。キャベツ畑を例に取ると、ある大きさで収穫できる場合の生育状況の情報をあらかじめ記録しておきます。そして任意のタイミングでドローンを飛行させて畑を計測し、事前の記録と照らし合わせ、キャベツがどの程度の生育状況かを確認。それによって、まだしばらく待ったほうが良いのか、もう収穫したほうが良いのか、判断することができるわけです。

このデータを蓄積することで、将来にわたっての**獲れ高や売り上げの予測が、高精度で行える**のです。獲れ高の過不足を見通すことができるので、農家さんのリスク管理にも役立ち、結果的に**安定的な収入確保**につながります。農薬散布とリモートセンシングは合わせて学習するとよいでしょう。

農林水産（5） 害獣駆除で稼ぐ

地球温暖化の影響でエサが減少したり、里山[1]が失われたりしたことで、野生のクマ、イノシシ、シカ、サルといった動物が人里に降りてきて、農作物を食い荒らす被害が多発しています。最悪の場合、人に危害を与えることもあって危険ですね。また、ゴルフ場に現れたイノシシがコースに穴を掘ってしまうことも。被害を受けた日は営業できなくなってしまい、ゴルフ場は収入がなくなり、補修も必要となって数百万円の大損害を被りますから、なんとか防ぎたいところ。

害獣が出没する地域では、電気柵を使用し対策していることも。支柱の間に一定の間隔で電気を通す電柵線を通し、それに触れた害獣に電気ショックを与えるものです。イノシシやシカは見慣れない電気柵を鼻で触れて調べようとします。鼻は電気を通しやすく、一度電気ショックを味わった害獣はやってこなくなるという仕組みでした。ところが、害獣たちも学習するので、穴を掘って電気柵をくぐるなど回避する方法を覚えます。まさにイタチごっこですね。

1 自然の山と人里の中間に位置する場所。かつては人間の集落と野生動物の住処を隔てる緩衝地帯だった。現在は土地開発や耕作地放棄等によって里山が失われ、野生動物が直接人里に出没する事件が増えている。

そこでドローンの出番。害獣たちは主に夜から朝方にかけて行動することが多いです。そこで赤外線カメラを搭載し、夜中のうちから飛行させて、**害獣たちの足取りを追います**。得た情報は猟師さんに販売。猟師さんは購入したデータをもとにトラップを設置し、害獣を捕獲・駆除するのです。仕留めた獲物を必要な手続きを踏まえたうえで保健所やジビエ料理店に売却すると、場合によっては**4~5万円の売り上げ**になることも。

あるケースでは、**ドローンを使用開始後、ひと晩で7頭捕獲**できたことがあるそうです。猟師さんとしては情報料を払ってもプラスになるわけで、今後も広がっていくのではと考えられます。

また、ドローンにスピーカーを取り付け、トリやサルが嫌がる音、例えばイヌやタカの鳴き声を発声して追い払う方法も利用されています。さらに、音だけでは害獣たちがだんだん慣れてしまうので、ドローンを害獣たちに接近させて威嚇するという強硬手段をとるケースもあるようですが……人と動物が対立し合うことなく暮らせる世の中になるのが一番ですね。

農林水産（6） 林業・水産業にはビジネスの隙間が多い

農業分野でドローンが活躍していることをお話ししてきましたが、ここからは「農林水産」の林業と水産業での使われ方について紹介します。

森林の間伐に活用されるドローン

山にはそれぞれオーナーがいて、管理はオーナーに委ねられています。森林の木々は徐々に成長し、木々同士が密集する状態に。そこで**樹木の一部を切り落とすことで、密集状態を解消するのが間伐作業**です。これによって日光が地表まで届くようになり、木々の下層にいる背の低い木や草花の成長を促し、災害に強い、健全な森林を保つことができるのです。また害獣にとっては身を隠す場所が減り、人里に近づきづらくなるという効果もあります。管理ができている山では必要に応じて間伐作業が行われています。

間伐の必要性を訴えるためには、山をドローンで撮影することが有効。そして、間伐していない山のオーナーに映像を見せ、間伐を依頼するのです。「山の価値は下がるし、害獣の住処になるので、地域住民も困る」と話しながら映像を見せれば、オーナーからの理解も得やすくなるでしょう。

魚群探査やクジラの生態調査をドローンで

漁師さんたちは魚群を探すため水中ソナーを活用しています。ただ、近くの魚群であれば見つけられますが、遠くの魚群を水中ソナーで探し出すことは困難です。また、「ナブラ」という言葉を聞いたことはありますか。大きなサカナに追われた小さなサカナが水面近くまで浮上して、魚群を作っている様子のことです。ナブラを探すことも、漁では必要とされます。

漁船から離れた魚群を探すのにドローンを利用する取り組みが行われています。エサを求めてナブラを探すトリをドローンで見つけ、漁船がナブラに急行するというもの。**精度が高まれば漁の効率も上がることでしょう**。

海外ではドローンで漁をする研究も進められています。漁船とドローンを、エサを付けた1本の釣り糸で結びます。ドローンから釣り糸を垂らし、マグロなどの大型魚が食いついたところで、釣り糸をリリース。漁船がマグロを引き上げるという、まるで一本釣りのような漁法ですね。

また、マグロの養殖は狭いプールではなく、海を区切った広い場所で行われます。その**海上をドローンで撮影・解析することで、赤潮の発生リスクがある場所を探す**という取り組みも行われています。

クジラの生態調査にもドローンが使用されつつあります。クジラは1年を通して世界中の海を回遊。そこで、調査対象のクジラのヒレに発信機を取り付け、翌年同じ海域に戻ってきた時、生態がどのように変化しているか研究します。これまでは調査に飛行機やヘリコプターを使用していましたが、調査船上から離発着できるドローンを使い、クジラを観察する取り組みが行われています。

また、クジラは海面に浮上して息継ぎをします。その際にクジラから吹き出される潮吹きのことを「ブロー」といい、ドローンで採取する実験も進行中。

水産業でのドローン利用は研究途上のものが多いです。最新情報を確認しながら、参入チャンスを伺ってください。

自分でドローンを飛行させなくても展開できるビジネスがある！

第1章で「ドローンパイロットを目指すな！」と話しましたが、それでもドローンビジネスでは、自分がパイロットになろうと思いがち。ここでは、飛行させなくても展開できるドローンビジネスを紹介します。

ドローンスクール

今後本格的にドローンビジネスに参入するに当たり、より実践的に学ぶためドローンスクールに通う読者もいるでしょう。そのビジネスモデルを解説します。

ドローンスクールは、受講生の入校料や受講料が収入の柱。一方で支出は、講師の人数分の人件費やスクール施設の利用料、機材やテキストなど教材の準備費用です。スクール経営は、ドローンスクールに通えば、どのようなことをすればいいのかイメージが湧きやすく、ビジネスの入門として手掛ける人が多くいました。

ところが、2022年12月に行われた航空法改正により「登録講習機関」という制度が始まりました。これは国が各ドローンスクールの授業内容や実技指導を審査し、一定の水準を満たしていれば、お墨付きを与えるもの。さらに国家資格「無人航空機操縦者技能証明」の講習も行えます。受講希望者へのアピールになるため、既存のスクールの多くが登録講習機関へ移行しました。

ただし、その手続きは煩雑なため、行政書士へ依頼するのが無難。また、登録講習機関は年に1回監査を受ける必要があり、一般的に会社を設立する費用の3〜4倍の金額がかかります。さらに受講生募集のため広告宣伝費も必要……と考えると、スクール経営は支出が増え、シビアなビジネスになりつつあります。

とはいえドローン大学校はこれまで「ドローンのビジネススクール」という、他のスクールにはない特色を打ち出してきました。オリジナルの特色や、「こんな人材を育てたい」という明確な目的を持てば、ビジネスが成立するかもしれません。

地域でドローン体験会を開催するのもありです。ドローンに興味があっても、見たことや触ったことがない人々は、まだまだ多いのが現状。そこで、参加者にドローンの飛行を体験させたり、安全に操縦するための心がけをレクチャーしたりするというものです。また、小型ドローンの中にはプログラミングして飛行させることが可能な機体もあるので、プログラミング学習(1)に活用することが考えられます。

1 小学校では2020年度からプログラミング学習が必修化。子供向けにプログラミングを指導するスクールが増えつつある。

ドローン行政書士

ドローンスクールの項にも登場した行政書士。官公署に提出が必要な書類を依頼者に代わって作成、提出する職業ですが、近年、ドローンビジネスでその需要が高まっています。

第4章で紹介しますが、ドローンビジネスとして行う飛行には、許可などが必要になります。申請数が多かったり、特定のケースでは申請書類の作成が困難だったりするため、ドローン専門の行政書士に依頼することが有効です。48ページで解説したとおり、許可・承認の申請件数は増えており、仕事の数も増加していくことが予想されます。

ドローン行政書士になるためには、当然ですが、行政書士の資格が必要。次に、航空法をはじめとしたドローンの関連法令についても、よく理解しなくてはいけません。法律の専門家である行政書士ですが、ドローン分野について詳しい人が少ないが故に、ビジネスになっているのです。

すでに行政書士として働いていたり、今後行政書士を目指したりする人にとって、専門分野としてドローンを選択するのは魅力があるといえます。

ドローン保険

ドローン保険はすでに大手の保険会社が手掛けるほか、ドローンメーカーが用意しているものも。ドローン保険は3つの内容から構成されています。

1つは機体保険。機体がダメージを受けた時に、修理代がカバーできます。プロユースのドローンは高額化してきており、5000万円もする高性能なレーザー測定器を搭載した機体も登場。万が一墜落させても、保険に入っていれば安心です。

2つ目が対物保険。点検していたビルの壁面を傷つけてしまうといった事故による被害をカバーするものです。

そして3つ目が対人保険。ドローンで人に怪我をさせてしまったような場合に適用します。対人は1~10億円、対物は5000万円までの保証が一般的で、自動車のような対人・対物無制限といったものは、あまり多くありません。

現在のドローン保険は保証が機体に紐づいたものばかりですが、今後はパイロットの飛行時間や技量に応じて値段や保証内容が変わる保険が求められることもありそう。またレベル4飛行では適切な保険に入ることが必須のため、需要が増える見込み。あなたが保険販売を手掛けているのであれば、取り扱う商品に加えましょう。

ドローンメディア

ドローンを使って空撮し、編集して作品に仕上げYouTubeにアップするという動画制作は、活発に行われています。メディアに掲載する素材集めにドローンを使うわけです。でも、新しい機体やドローンビジネスに関する情報など、ドローンとその周辺事情を紹介するドローンメディアは、今後の発展が望まれます。

メディアというと、現在ではWebニュースサイトや動画サイトといったインターネットメディアが力を持っています。またnote[1]やYouTubeなど、個人でアカウントを作り、情報発信することも容易。それらを使い、ドローンのニュースについて自分の考えなどを発信しましょう。支持者が付き、noteの有料部分を購読してくれたり、広告付き動画の再生回数が増えたりして、収入につながるかも。あるいは既存のWebニュースサイトから声をかけられることもあるでしょう。

そんな紹介をしている本書が、ドローンメディアの一角です。取材により得た情報をまとめた記事は、何よりも価値があるもの。ところが、まだ紙媒体のドローンメディアは少ないのが現状です。あなたがドローンやドローンビジネスに面白さを感じ、情報発信したいと感じたら、ぜひドローンの本作りにも挑戦してください。

1 ユーザーが文章や写真、漫画などを投稿できるウェブサイト。その使用方法はブログに近い。

水中ドローン

空を飛ばないドローンとして今後の利用が期待されているのが水中ドローンです。海難事故が発生した時の捜索に使用されることがありますね。

また、ダムの中にある排水溝に流木などが流れ込み、詰まっていないかを点検するために活用しようという動きもあります。

船舶の船底の点検にも使用されています。船底にはフジツボなどが付き、それが抵抗となることで燃費が悪くなります。そこで、フジツボの付き具合を水中ドローンで定期的に確認するという使い方がされています。

水中ドローンの操縦方法は飛行するドローンに似ており、パイロットを兼ねやすい利点があります。ドローンスクールの中には水中ドローンを取り扱うところも現れています。

水中ドローンは利用方法が模索されているところ。海や湖、川など水辺での仕事に携わっているあなたの経験や知識を活かして、水中ドローンの新しいビジネスを作り出しましょう。

ドローンビジネス始めてます！

File.2

点検 市川良教（56歳）

前職：自動車部品供給会社
ドローンスクール入学：あり
ビジネスを始めた時期：2022年3月
所有資格：一等無人航空機操縦士、第二種電気工事士、赤外線建物診断技能士　ほか
使用する機体：Autel Robotics EVO II DUAL 640T、DJI Matrice 300 RTK　ほか
初期投資：約500万円

message
ドローンでどう役に立ちたいか
考えを整理してチャレンジ

——事業を始めたきっかけは？

市川　前職では自動車部品供給会社のメンテナンス部門で、火炎の温度管理などに赤外線ツールを使っていました。またソーラーパネルを工場に設置するプロジェクトへの参加を通して、屋根上設置のソーラーパネルの点検は、高所作業車などを手配する必要があり、時間とコストがかかることがデメリットと感じていました。そんな折、ドローンの存在を知り、赤外線ツールを組み合わせれば安価に点検が提案できると考え、事業化を決断。「いちどろ合同会社」を設立し、仕事をしています。

——仕事はどう得ていますか。

市川　仲介業者や知り合いからの紹介がほとんどです。もちろん営業も行っています。案件によりますが、大規模な施設で約80万円、小規模な施設で約10万円といった金額感。小規模のソーラーパネルの点検は約4年に1回必要といわれており、1度依頼されたお客様から2度目の発注が入るようになれば、安定したビジネスになると見込んでいます。

——どんなことに注意して点検を？

市川　嘘をつかないことです。お客様に渡す報告書に正しいことを書くための素材集めとして点検をします。限られた時間で効率的に作業を進め、お客様が修理の必要性の有無を適切に判断できる報告書作りを心がけています。

——市川さんは、三重県鈴鹿市などと災害協定を結んでいますね。

市川　地域貢献のため地元企業として協力できる体制を作りたいと考え、私から鈴鹿市に提案しました。「赤外線カメラを使用すれば、熱を感知することで行方不明者の捜索が効果的に行える」と評価されました。提携が会社の広報にもなります。また小中学生がドローンに興味を持ち、将来の職業選択の候補にしてくれたらと思い、子供向け体験会も行っています。

第3章

ドローン2.0のビジネスハック

物流（1）ドローン物流が辿ってきた道

Society5.0が示した物流の未来

政府では長期的な視点に立ち一貫的な科学技術政策を実施するため、1996年から5期に渡り**「科学技術基本計画」**[1]を策定してきました。2016年に発表された「第5期科学技術基本計画」では**「Society5.0」**[2]という新しい考え方が提案され、内閣府では以下のように定義[3]しています。

サイバー空間（仮想空間）とフィジカル空間（現実空間）を高度に融合させたシステムにより、経済発展と社会的課題の解決を両立する、人間中心の社会（Society）

もう少し噛み砕くとAI、ビッグデータ、ロボットなど**最先端技術を融合して社会生活の問題を解決し、産業に組み込む**ことでさらに**経済を発展させる**考え方です。

そして、この中で**ドローン物流の活用が提言**されています。2019年に政府が公

1 2021年からは「科学技術・イノベーション基本計画」と名前を変え、前政策から引き続き第6期が開始している。

2 Society1.0を狩猟社会、2.0を農耕社会、3.0を工業社会、4.0を情報社会とし、日本がこれから目指すべき未来社会の姿を示した。

3 https://www8.cao.go.jp/cstp/society5_0/index.html より引用

開したSociety5.0のＰＲ映像は、山に囲まれた農村に住む、上白石萌音さんの演じる女の子が、ドローンで運ばれた宅配物を受け取る描写からスタート。Society5.0においては、少子高齢化や地方の過疎化を、イノベーションで克服する社会を作ることが目標の1つとされていますが、その象徴として、ＰＲ映像の冒頭で**地方でのドローン物流**を取り上げているわけです。このことからも、政府が山間部や離島といった地方から、ドローン物流を始めようと考えているとわかります。

レベル3飛行によるドローン物流

28〜29ページでドローンのレベル1〜4飛行について紹介しました。このうち、レベル3飛行とは「ドローンを人の目で見ることなく、監視する補助者を立てることなく、人がいない場所の上空で飛行させる」方法でした。人がいない場所の上空とは、離島や山間部、あるいは海といった場所の上のこと。そこでドローンを、人の目で見ることなく飛行させるわけです。

2022年12月の航空法改正によりレベル4飛行が解禁されるまでは、レベル3飛行(4)による物流の実証実験が繰り返されていました。一例を紹介しましょう。

2019年7月から9月にかけて、ＩＴ企業の楽天とスーパーマーケットの西友は

4 レベル3飛行は2018年9月に解禁。

合同で、神奈川県横須賀市の離島・猿島に、ドローンでバーベキュー食材などを配送する実証実験を行いました。実証実験に合わせて、西友が専用の保冷バッグを開発。それに食材を入れ、楽天が運航するドローンに積み、西友 リヴィンよこすか店の対岸1.5㎞にある猿島で商品到着を待つ利用者に届けるというもの。

食材は缶ビールや肉、野菜など約400品目から選べ、ドローンには食材を約5kgまで積むことが可能。これだけあればバーベキュー用食材の運送には十分なうえ、配送料は500円と値ごろだったため、とても人気を博していました。私が現地を視察した際には、猿島に設置された離着陸場とスーパーマーケットの間を、**ドローンがひっきりなしに往復**する姿が見られました。

運航に携わるスタッフは大きく分けて7つの仕事を担当。すなわち**「飛行時間の管理」「飛行前の機体点検」「配送バッグにバランス良く荷物を詰める」「異常事態発生時の操作介入」「飛行ルートの選択」「飛行後の機体点検」「飛行内容の記録」**です。

「異常事態発生時の操作介入」とは、自動操縦で飛行中に異常事態が発生したら、スタッフが**手動操縦に切り替え対応**するというものです。また、1.5㎞の飛行区間に対して、**風向きなどを想定して複数の飛行ルートを設定**しています。「飛行ルートの選択」とは、その時々で適切な飛行ルートを選択することです。

レベル4飛行による物流は河川から始まる！

レベル3飛行での実証実験を重ね、課題を洗い出し、ついに2022年12月からレベル4飛行が可能になりました。でも、**市街地上空をドローンが飛び交うのは当面難しい模様**。まだ課題が多いうえ、「ドローンが落ちてくるのでは」という**漠然とした不安**が人々を取り巻いています。これらを解決しないと、本格的なレベル4飛行は展開していかないでしょう。

とはいえ、一刻でも早く、市街地でドローン物流を始めたいところ。そこで注目したいのが、**河川の利用**です。空の産業革命ロードマップにおける「社会実装」のなかで、河川上空でのドローン利用を促進するという目標を紹介しました。

なぜ、河川なのでしょうか。よくよく考えてみたら、**河川には人がいない**ですよね。船が通ることもありますが、河川によっては頻繁ではありません。そして東京でも大阪でも、**どんな都市にも河川は必ずあります**。その河川上空を飛行させることが、市街地におけるドローン物流を行うのに**最もリスクが少ない**と考えられるのです。

市街地におけるドローン物流の最初の1歩は、河川から始まる。(1) そんな未来が近い将来訪れることを、よく記憶しておいてください。

1 2022年9月、国土交通省は全国18箇所で河川を利用したドローン物流の実証実験の実施を発表。岐阜県では同年12月に、美濃市の長良川流域2.6kgを利用して、川面に浮かべる30 0gのブイなどを運ぶといった実験が行われた。

物流（2）市場規模が36倍に発展！　その参入方法とは？

ドローン物流には、どのように参入すればいいのでしょうか。

前項で紹介したレベル3飛行における実証実験の手順を確認すると、様々な状況を想定して自動操縦による飛行ルートを設計し、運航計画に沿って確実に、安全にドローンを飛行させることができる人材が求められるとわかります。

航空会社では**ディスパッチャー**（航空機運航管理者）が、気象状況や乗客数、空港の状況などを勘案して**飛行計画を策定**。この経験があれば、キャリアを活かし、ドローンの運航計画を立てられるでしょう。また、トラックやバスなどの運行管理者[1]のような、**事業用自動車の安全な運行に携わった人**も向いている仕事といえます。

また、市街地での物流については大手企業が参入することが予想されます。新しくビジネスを立ち上げる時に大手企業と対決するのは大変と思うなら、大手が手掛けることがなさそうな場所でドローン物流を行っては。離島へのドローン物流は、要望はあっても需要はそれほどなく、大手が参入しないかも。そこで**地域密着を掲げてドローン物流網を展開**することもできると考えられます。

1　ドライバーの乗務予定の作成や監督指導、乗車記録の管理、業務前後の点呼などを行う。

コロナ禍以降、食事のデリバリーが大きく発展しています。これもドローンによる配送に置き換えられるかもしれません。

コンビニエンスストアは市街地のあちこちにあり、様々なサービスの拠点となっています。それを踏まえると、将来的には店舗がドローン物流の拠点になることも予想でき、そこから各宅配先への**「ラストワンマイル配送」**[2]**を手掛けるビジネス**も検討できます。ただし、ラストワンマイル配送では必ずしも荷物をドローンで運ぶ必要はなく、手で持ったり、自転車に積んだりして運んでも良いことに注意しましょう。

河川を利用したドローン物流が増えるなら、河川沿いに物流センターが必要になりそうです。それを見越して、今から**河川沿いに土地を買ったり、土地を持つ会社に投資したり**することもできます。また、河川利用する場合、ドローンが橋の下を飛行する際にGPSを受信できなくなる問題があります。橋の下にRTK基準局を設置するといったソリューションもビジネスになるかも。

市場規模が2022年度から2028年度にかけて**36倍に発展**するといわれるドローン物流においても、ドローンを使うビジネスがあれば、使わないビジネスもあるわけです。情報収集しながら、自分が参入できる分野を見つけてください。

2 配送センターなど物流の最終拠点から、最終目的地である届け先へ荷物を届けること。

物流（3） 住宅街の上を飛んだ！ 日本初のレベル4物流レポート

飛行距離を22％、飛行時間を40％削減！

２０２３年３月24日。東京都奥多摩町で日本初となる、レベル４飛行によるドローンでの荷物配送が試行されました。日本郵便が主催し、奥多摩郵便局から北西へ約4.5㎞先にある山間の配送先に、１kgほどの小包を届ける取り組み。配送先へ陸路で向かう場合、日原川に沿って曲がりくねった都道２０４号を登らなくてはいけません。しかし、ドローンなら道の形状は関係なく、空をひとっ飛び。**出発して約９分**で到着し、無事に荷物を届けることができました。

奥多摩町では２０２０年３月にもレベル３飛行による試験を実施。２０２３年の試験と同様に、奥多摩郵便局から配送先へと飛行させるものでしたが、当時は人のいない場所の上空を飛行する必要があったため迂回ルートをとらなくてはならず、飛行距離は5.8㎞、所要時間は約15分。２０２３年の試験では、**飛行距離が22％、飛行時間が40％削減**されています。

距離や所要時間の削減に貢献した最大の要素は、やはりレベル4飛行、つまり人がいる場所の上空での飛行が可能になったこと。2020年の試験では、奥多摩郵便局屋上から離陸したドローンは、いったんそばを流れる多摩川上空を飛行。その後、北西へ向きを変えて、山の上を通り配送先へ向かいました。

一方、2023年の試験では離陸後、奥多摩郵便局の前を通る**国道411号の上空を横断**。さらに**住宅街の直上を通過**して、**最短ルート**で配送先を目指しました。

飛行ルートマップ

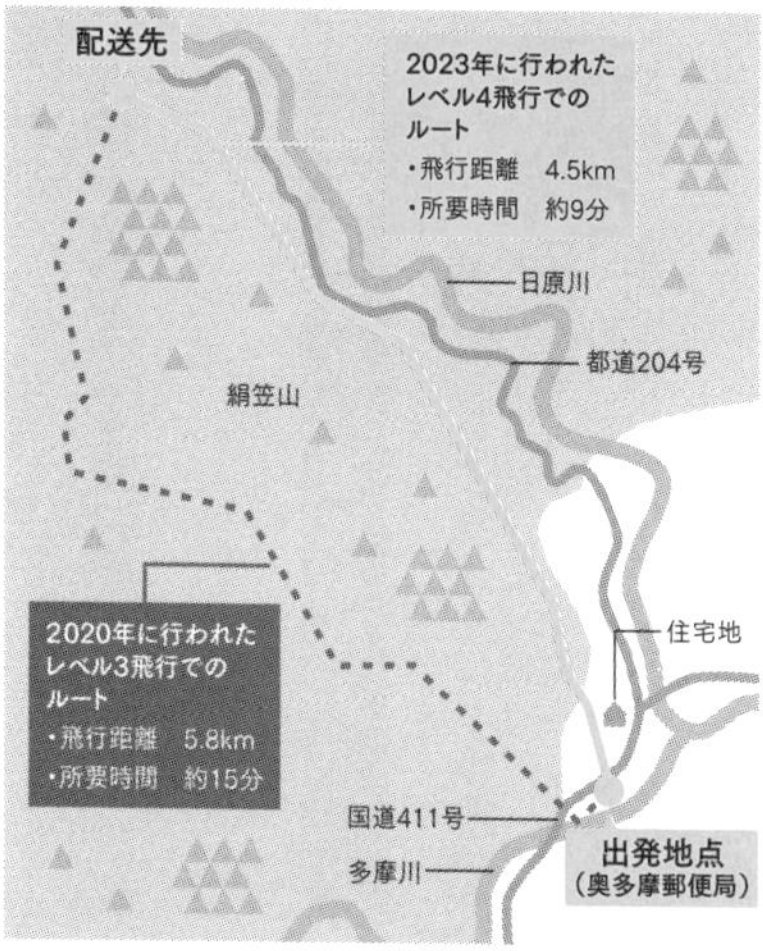

住宅街で飛行風景を観察していると、**ヘリコプターよりもやや控えめな音**と共にドローンが出現。少し時間をかけて直上を通過していきましたが、これは最高時速36kmに設定されていたためでしょう。実運用では、当日の気象条件や飛行空域などを勘案し、適切なスピードが設定されるはず。

また「直上」がポイントです。こ

れまでドローンの飛行に無関係の人の直上を飛行することはご法度。**地域の住民たちが住む住宅地の直上を飛行する**姿に、新しいドローンの時代の到来を感じずにはいられませんでした。

安全性の高い機体を投入

使用された機体は国内メーカー・**ACSL**製の**「PF2-CAT3」**。ACSLは日本郵便と業務提携し、これまで荷物配送用の機体の開発を続けていました。

同機は、国内で初めて、レベル4飛行に必要な**「第一種型式認証」「第一種機体認証」**を取得。GPSアンテナを2機搭載する等して**冗長性を高めた**[1]他、墜落時の衝撃を緩和するパラシュートを備えるといった、**安全性を高める工夫**を施しています。

バッテリーなどを含めた機体全体の重さは8.8kg。最大で1kgの荷物を積むことができます。あまり多くの量を積めませんが、郵便局と個人宅をピストン輸送するといった使用方法であれば、それほど荷物量は多くならないので、ちょうどいいのかもしれません。とはいえ、今後も荷物量を増やすための開発が続くでしょう。

レベル4飛行により荷物配送を行う、まさに**ドローン2.0時代がついに開幕**しました。

1 操縦や飛行に関するシステムについてメインシステムとサブシステムを準備し、メインにトラブルが発生した場合には、サブに切り替えることができること。

2 日本郵便はこれまでも、レベル3飛行による荷物配送に積極的に取り組んできた。2018年11月から福島県相馬市の小高郵便局と同浪江町の浪江郵便局の間で、ドローンによる社内書類などの配送を開始。このほか2022年12月に三重県熊野市でもレベル3飛

ここまで日本郵便による取り組み②を紹介しましたが、この例に限らず、ドローン物流は地域住民との調整支援などで、**自治体の協力が必要なシーンも多い**といいます。試行を重ねていき、多くの自治体で導入が前向きに検討されることを願いたいです。

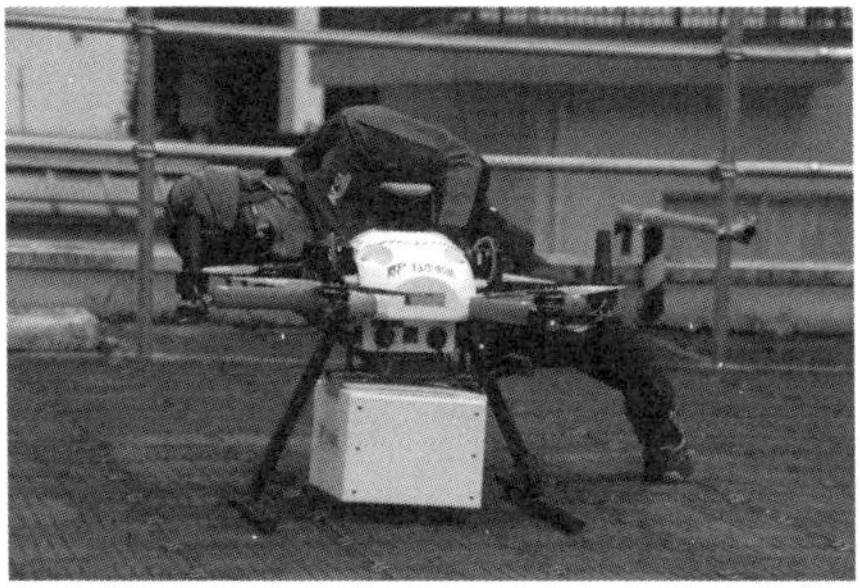

レベル4飛行に対応した初のドローンであるPF-2 CAT3。機体は飛行前に、荷物が適切に取り付けられているか等を、しっかりと点検される。

奥多摩郵便局を飛び立ち、配送先へ向かうドローン。住宅地の上を飛行していく様子がわかる。

行による試験を行っている。これらで得た知見を、次の取り組みにフィードバックしている。

物流（4） 命を救え！ 医療分野での活用

空の産業革命ロードマップで解説したとおり、医療分野にドローン物流を取り入れる動きが起きています。

ＡＮＡホールディングス（以下、ＡＮＡＨＤ）は２０２１年からドイツのドローンメーカー・Wingcopter GmbH（同、Wingcopter）と業務提携。医薬品や日用品のドローンによる配送の実証実験を行ってきました。飛行機の安全運航に関する知見が豊富なＡＮＡＨＤがドローンの運航を担当し、各国で実証を重ねてきたWingcopterの機体やデータを組み合わせることで、ドローン物流のネットワーク構築に取り組んでいます。さらに２０２２年には伊藤忠商事がWingcopterと資本業務提携・販売代理店契約を締結しました。

この流れの中で、２０２３年5月、ドローンを使用した**血液製剤輸送の実証実験**が行われました。血液製剤は人の血液から作られる医薬品で、輸血の際に使用され、運搬する際には**一定の温度帯**を保たなければなりません。緊急時を含め、原則すべての血液製剤は毎日のように陸路で輸送されているのが現状です。そこでドローンによる輸送に白羽の矢が立ちました。

実証実験では血液製剤を定温保管するために作られたドローン用の搬送容器を機体に格納し、操縦は全自動で実施。長時間輸送することを想定して、ドローンは実験場の上空を約40分、距離に換算すると約60㎞飛行しました。

実験後には使用された血液製剤を分析。今回の実証実験を統括した伊藤忠商事の中田悠太さんは「ドローンによる血液製剤輸送の前例を当たったものの、実験に輸送した血液製剤の医学的な検証があまり行われていないようでした。今回使用した血液製剤を検証すると、輸送による**振動は成分に影響を与えず、温度管理も適切に行えた**ことが証明できたので、今後も実装に向けて検討を続けたい」とコメント。

なお、この実証実験で使用されたのはWingcopterの「W198」というモデル。飛行機のように**固定された翼**を持ちつつも、**垂直離着陸やホバリングが可能**。なお、日本では初めて使用された機体でした。

今後の展開について中田さんは「8月には血液製剤の輸送量を増やした実証実験を行いましたが、所定の手続きを踏めば、品質管理は可能と確認できました」としたうえで、2回の実証実験を目視内で自動操縦するレベル2飛行で行ったことを踏まえ、これまで蓄えた自動化のノウハウや運航管理の手順などを整備して、レベル3飛行による輸送も検討したい考え。また「品質管理を担保したうえでドローンで輸送ができることが医療従事者にまだまだ伝わっていないので、自動車で運ぶのと変わらず、輸送手段の1つとしてドローンが有効であることを啓蒙していきたい」といいます。

通常の薬であればストックが可能。しかし、血液製剤は、生きている細胞が入っているため長期保存ができず、赤十字血液センターからの随時配送[1]が必要です。人の命に直結する事業なので、早期の社会実装が望まれます。

実証実験に使用されたWingcopter W198。機体下部にある涙滴状の部分に血液製剤を搭載する。（写真提供：伊藤忠商事）

自動操縦で飛行する機体が捉えている映像や、飛行ルートをPCで確認する。（写真提供：伊藤忠商事）

1 現在でも病院が持つ在庫を、必要に応じて病院間でやり取りしているが、長期に大量保管することは難しい。

物流（5） 30分で配送!? Amazon Prime Airの正体

ジェフ・ベゾスが提唱したロボットの活用

少し前の話ですが、2017年6月にアメリカ・ラスベガスで行われたAIをテーマにしたカンファレンスで、Amazonの前CEOであるジェフ・ベゾス氏が基調講演を行いました。その中でベゾス氏は、今後**自動化とロボット技術を活用し、物流改革を狙う**と宣言しました。

この改革の担い手としてAmazonが手掛けることにしたのがドローンでした。Amazonは2013年から**「Amazon Prime Air」**の名称でドローンによる商品の配送サービスの実証実験を開始。ここで使用されるドローンは2.3kgほどの荷物を積むことができ、配送センターから**24km以内**の場所まで**30分程度**で配送可能という触れ込みでした。配送先には識別票を設置し、ドローンはこれをめがけて飛行。低いところまで降りてから、荷物をポトンと落とし、配送センターへと帰っていきます。

ドローンに積める荷物を本の重さで例えると、文庫本だと約13冊、ハードカバーの単行本なら5冊ぐらいです。いま皆さんが読んでいるこの本なら8冊といったところ。どうでしょう、皆さんがお買い物をする際、大きな日用品ではなく小物を買う時は、だいたいこの範囲に収まっているのではないでしょうか。

ベゾス氏は2021年にAmazonを退社しましたが、その後もサービス開発姿勢は衰えておらず、2022年11月には静粛性や航続距離を向上させた新モデル「MK30」を発表。**2024年までに導入**することを発表しています。

東京23区内がドローン物流の配送圏内に!?

次に、配送センターから24㎞という配送範囲について考えてみましょう。

Amazonの配送センターには大きく分けて**FC（フルフィルメントセンター）**と**DS（デリバリーステーション）**の2種類があります。

FCは様々な商品が集められる物流拠点。ここで注文に応じて商品がピックアップされ、出荷されていきます。DSはFCから出荷された梱包済み商品を仕分け、配送先へ運ぶ拠点です。現在東京都内のFCは青梅の1箇所ですが、市川（千葉）、川崎（神奈川）といった東京近郊にも設けられています。また、東京都内のDSは6箇所。

東京駅を中心に半径24㎞の円を描き、東京都内及びその近郊のFCやDSをプロッ

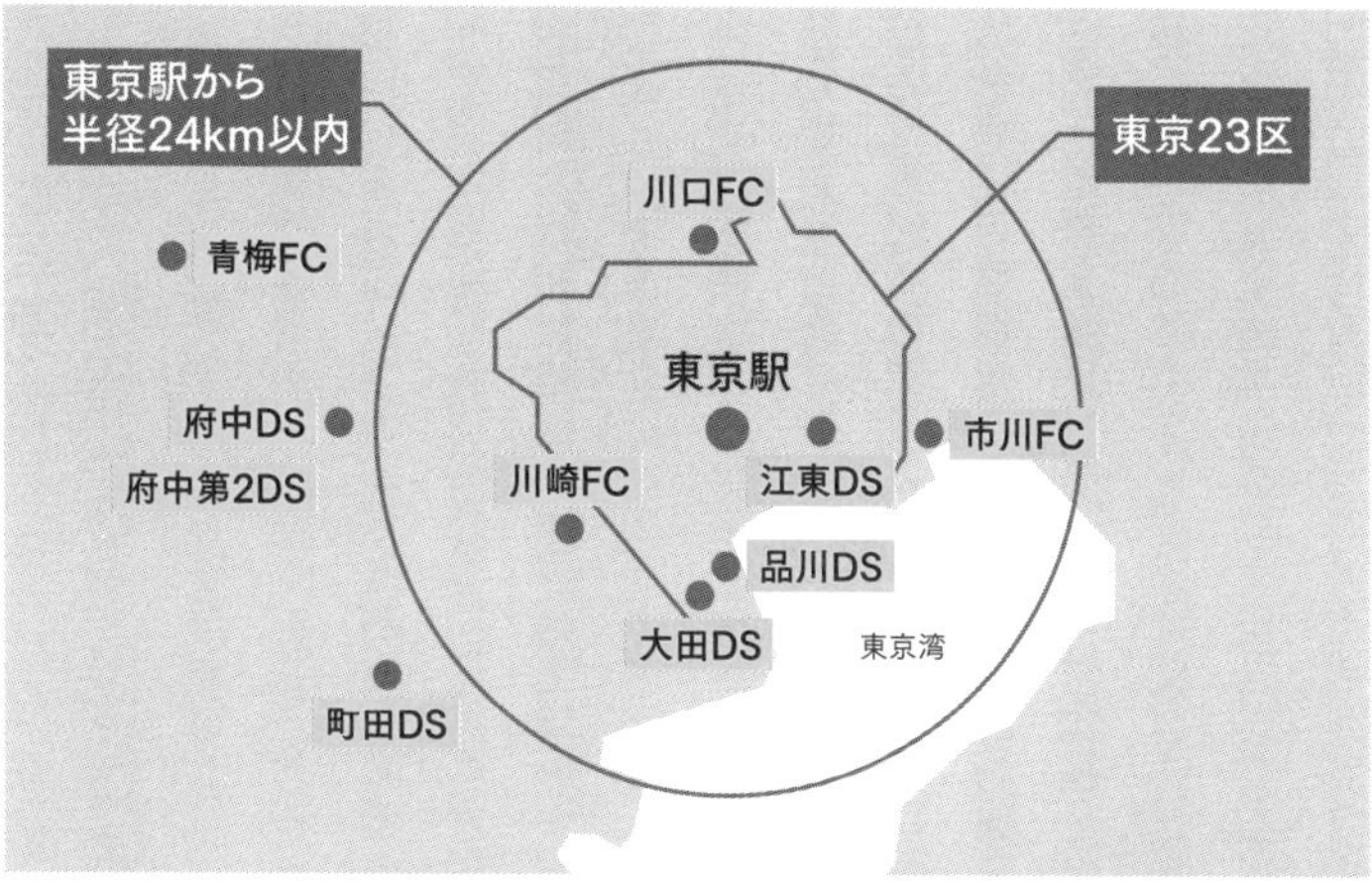

トしたのが上図。驚いたことに**配送センターの配置から考えると、東京23区内が、ドローンによる配送可能な距離である半径24㎞以内に収まる**のです。

Amazonがドローン物流を見越して配送センターを作ったかどうかは定かではありません。ただ、事実として東京でドローン物流を行うには効率的な場所に配送センターがあるとわかります。

Amazonは**2032年までに、ドローンによって世界で年間5億個の荷物を配送する計画**。ただ、アメリカ国内ではFAA（連邦航空局）との調整が難航しているようです。もしかすると、レベル4飛行が可能な**日本のほうが「Amazon Prime Air」を展開しやすい**かもしれません。

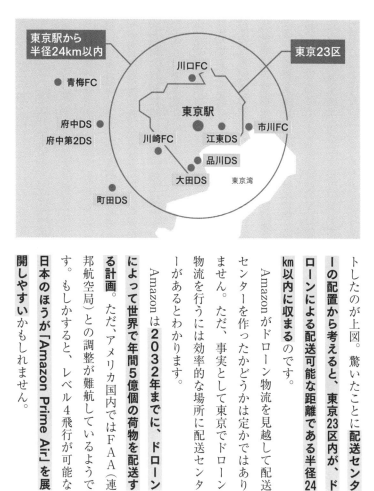

物流（6）クロネコヤマトが空を飛ぶ!?

国内物流企業の雄・ヤマトホールディングス（以下、ＹＨＤ）では、ドローン物流について、どのような取り組みをしているのでしょうか。

２０１８年10月、ＹＨＤはアメリカ・テキストロン社傘下のベルヘリコプターと**「将来の新たな空の輸送モードの構築」**について協力関係を結びました。ＹＨＤがこれまで蓄えた物流業務の経験を活かして「ポッド（外装式輸送容器）」を開発し、ベルヘリコプターがポッドを搭載する**ＡＰＴ（自立運航型ポッド輸送機）**を設計・開発・製造するとされました。陸のトラックの印象が強いＹＨＤですが、効率的な物流網を作り上げるため、空の活用[1]についても早い段階から検討を始めていたことがわかります。

ＡＰＴの仕様が特徴的で、**最高時速１６０㎞**で飛行し、小型機で7kg、大型機ではなんと**４５３kgを運べるようにする**というもの。ワンボックスタイプの自動車よりも速く動き、同じくらい荷物を積むことができる意欲的な計画です。

２０１９年8月にはアメリカ・テキサス州で試作機が機能実証実験に成功しました。この時に使用された「ＡＰＴ70」は時速１６０㎞以上で飛行し、32kgの荷物を積載可

1　２０２４年4月からＹＨＤはＪＡＬ（日本航空）と組み、首都圏と北海道・九州・沖縄、および九州と沖縄を結ぶ貨物専用機を運航予定。クロネコが描かれたエアバスA321ceo P2F型機が３機使用される。

能。当初提示された大型機の仕様に近づきつつあるとわかります。

機体開発と並行して、ＹＨＤは**荷物空輸ポッドとして「PUPA」を開発**。これは様々な物流ドローンで使用可能なように規格化された貨物ユニットで、**空中での運びやすさ**だけでなく、**地上での扱いやすさ**も考慮されています。

２０２２年にはオーストリア・CycloTech社と共同研究の成果を発表し、同社が開発した推進システム「サイクロローター」を使用した機体開発は、柔軟に行えることを証明。ＹＨＤはサイクロローターを採用した物流ドローンにＰＵＰＡを組み合わせ、一層の研究・開発に取り組みたい考えです。

2020年代前半までには物流ドローンによるサービスを開始したいというＹＨＤ。**「空飛ぶクロネコヤマト」**が遠くない将来、見られるかも。その時こそ、**物流ドローンが成功した証**といえるでしょう。

警備（1） 巨大市場の警備分野に挑め

G7広島サミットで初の無人機による警備

レベル4飛行が解禁されたことで、これまでできなかったドローンによる**市街地の広域巡回警備が可能**になりました。とはいえ、物流分野と同様に、私たちの住む空の上を、**にわかに警備ドローンが飛び回ることはない**でしょう。空の産業革命ロードマップを振り返ってみると、市街地における広域巡回警備の事前準備として、**2023年度に「重要施設内の広域巡回警備」を実施**するとされていました。

2023年に広島県広島市で行われた「G7広島サミット」[1]。近年のサミットでは珍しく都市部で開催されました。世界から要人が集まれば、テロや犯罪のリスクも高まります。そこで投入されたのが**「シーガーディアン」**と呼ばれる無人機[2]。連続で24時間以上飛行でき、リアルタイム映像を地上で確認できる他、AIを使用して海上の船の特定も可能という機体です。G7の会場という重要施設の広域巡回警備が無人機により行われたのは、おそらく史上初[3]と考えられます。

1 アメリカ、イギリス、イタリア、カナダ、ドイツ、フランスの先進国に加えEUで構成される。このほかにも世界各国が招待国として参加。G7広島サミットではオーストラリアや韓国、インドの首脳らが広島を訪れた。

2 エンジンで飛行するシーガーディアンは本書のドローンの定義にあてはまらないが、パイロットが乗り込まず、遠隔操作や自動操縦で飛行させる無人機での警備

ドローンで警備をご安全に

残念なことに、近年、国内では**犯罪が増加中**。刑法犯認知件数は2021年に底を打ったものの、2022年は増加に転じています[4]。警察庁が2022年10月に行った「治安に関するアンケート調査」では、ここ10年における**日本の治安が「悪くなったと思う」と回答した人が全体の67・1%**となり、警備業に対する期待は今後も高まると予想されます。ドローンが活躍できるなら、ビジネスの幅も広がります。

警備の方法では**「機械警備」にドローンが利用できる**と考えられます。機械警備は、防犯カメラの映像などがインターネット経由でセンターに送信され、異常があれば警備員が駆けつけるという仕組み。また、警備業務の中で活用が期待されているのは「1号警備[5]」と呼ばれる分野の**施設警備**および**巡回警備**です。

ドローンの利用で期待されるのは**人身事故の減少**です。異常事態発生時には警備員が現場に急行。といっても、警察官のような権限が彼らに与えられているわけではありません。危険な人物が襲ってきたら怪我や死に至ることもありえます。**人間が現場に行かないほうが望ましい**のです。

その点、ドローンであれば**映像を記録したり、音声で警告を与えたりして対処する**

は画期的であるといえる。

3 重要施設の警備にドローンが使用されているかが判明した場合、重大な機密漏洩になる可能性もあるので、一般に発表されていない可能性もあるため「おそらく」史上初とした。

4 警察庁発表の「令和4年の犯罪情勢」による。

5 1～4号警備まである。1号警備は建物などの施設の出入管理や巡回を行う。2号警備は交通誘導など、3号警備は現金などの輸送警備、4号警備は身辺警備となっている。

ことが可能。警備員が巻き込まれる犯罪を減らすという点で、ドローンの利用が有効といえるでしょう。

また、ドローンは**省人化にも貢献**できます。ドローンによる警備は自動操縦で行われ、オペレーターが管理する形。巡回警備する場所の広さに合わせて機体数を調整する必要がありますが、1人で複数機のドローンを管理し、ドローンが警備することで、人間が行っていた警備を代替でき、人手不足の解消に役立つでしょう。

警察庁がまとめている「令和４年における警備業の概況」によれば、２０２２年末における警備業の売上高は３兆５２５０億３０００万円[1]。この5年間で推移はほぼ横ばいですが、ドローン業界から見れば巨大な業界です。また、ドローンビジネス調査報告書では、防犯分野の市場規模は**２０２８年度に２４０億円へと増加**を見込みます。巨大な業界の中で発展が予想される警備分野に、参入しない手はないでしょう。

現在、警備業に就いている人[2]はすぐにでもドローン警備を始めたいかもしれませんが、「警備分野における無人航空機の安全な運用法に関するガイドライン」によれば**ドローン飛行に関する資格取得を推奨している**[3]ので、まずはドローンを学ぶことから始める必要があります。

1　一般社団法人全国警備業協会が警備業者を対象に調査を実施。この金額は回答があった９７１１業者の売上高の総計だ。

2　初めて警備業を行う場合、20時間以上の新任教育を受ける必要がある。また、定期的に10時間の現任教育も受けなくてはいけない。

3　いわゆる民間資格（第４章を参照）を想定していると考えられるが、レベル４飛行による警備を行う場合は、一等無人航空機操縦士の資格が必須。

警備（2） 屋外も屋内もお手の物

レベル3飛行での警備については、これまで実証実験が行われてきました。

例えば閉園しているテーマパークや、入場者がいないスタジアムなど、人がいない場所の上空にドローンを飛行させ、監視を行うというもの。警備員が地上を巡回する場合、そこに都合よく侵入者が現れることは考えづらい。けれども、空中を浮遊して**施設全体の監視が可能**なドローンなら、施設内への侵入者を探知できます。

2018年に神奈川県・さがみ湖リゾートプレジャーフォレストで通信事業者のKDDI、警備会社のセコム、国産ドローンメーカーのテラドローンが共同で行った実験では、敷地内を俯瞰するドローンと巡回するドローンをペアで飛行させ、自動操縦によって監視。**侵入者や不審火の発見に役立てられる**と判明しました。

このように、警備をする場所によっては、レベル3飛行で対応できる場合もあるでしょう。例えば工場や中古車を管理している土地といった、人の立ち入りを厳格に制限できる場所であれば、ここで紹介した手法が応用できる可能性があります。

また、点検分野で、屋内での飛行には航空法による規制がないことを説明しました。

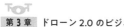

つまり**建物内の巡回警備にドローンは有効**であると考えられます。実際、綜合警備保障（ALSOK）は2020年に東京スカイツリー内をドローンで警備する実証実験を実施。この実験の特徴は、施設内に設置されたドローンポート（離発着場）から、機体がプログラムにあわせて自動的に飛行し、警備すること。また、階段を飛行してフロア間も移動。効果的な警備が可能か検証しました。

市街地警備に参入するため会社を設立

ところで、「はじめに」で私が警備ビジネスを立ち上げたと話しました。これは空の産業革命ロードマップにあった、2024年度以降における「市街地などの広域巡回警備」を見据えた取り組み。

例えば、東京都渋谷駅周辺はハロウィンの時期に大規模な警備体制が敷かれます。今後、警備強化のため渋谷区がドローン警備を導入することも考えられます。この受け皿になるべく警備会社「全空警」を立ち上げ、自治体との協定締結に向けて動いています。

ドローンによる警備は屋内、屋外を問わず今後確実に発展する見通し。ぜひ積極的にビジネスを検討してみてください。

公共利用（1） 迅速に災害対応できるのはドローン

消防防災ヘリコプターの配備状況

毎年のように大型の台風が来襲し、各地に被害を与えている近年。また大型地震に対する備えも必要とされています。

災害が起きた時、被災地を上空から視察するため等に、これまではヘリコプターが運用されていました。各都道府県が運航する「消防防災ヘリコプター」[1]は2023年4月現在で77機配備され、様々な役割をこなしています。

消防防災ヘリコプターは、山間部など陸上交通が不便な地域で発生した急病人を救急搬送する救急活動に利用。また、水難事故や山岳事故が発生した際の行方不明者の捜索・救助活動、台風や地震など災害発生時の被災状況の確認、さらには被災地への医師などの派遣、森林火災などが発生した際に空中から行う消火活動等、緊急時に迅速な対応を取るため、運航されているのです。

ところが、消防防災ヘリコプターが**3機以上配備**されているのは**9都道県**にとどま

1 内訳は消防庁が保有するヘリコプターが5機、全国の消防本部などが保有するヘリコプターが30機、自治体が保有するヘリコプターが42機となっている。（全国航空消防防災協議会「消防・防災ヘリコプターの配備状況（令和5年4月1日現在）」（https://www.habataki.org/information.html）を参照）

り、沖縄県では配備されていない状況。大規模災害時の被害状況視察という用途を考えると、もっとヘリコプターの配備を進めたいですが、ヘリコプターは**運航させるだけでなく、保管・維持も非常に高コスト**です。

また、ヘリコプター事故も後を絶ちません。2013年から2022年にかけて、機体が墜落・衝突・損傷等する**事故が28件発生**し、搭乗員の**死傷者は51人**を記録[1]。ヘリコプターは有人で飛行するため、どうしても事故発生時に人間への被害が大きくなってしまいます。

パイロットの育成にかかるコストも高額。そのため、小規模なヘリコプター運航会社が自社で育成することも難しい状況です。

1 運輸安全委員会「航空事故の統計」(https://jtsb.mlit.go.jp/jtsb/aircraft/air-accident-toukei.php)を参照。

空撮、測量、物流を組み合わせ災害対策

ヘリコプターを代替する手段として、ドローンの活用が進められています。

近年では大きな台風や線状降水帯の発生により、被害が各地で発生。大雨による河川の増水、その後の堤防決壊による浸水被害は甚大なものになります。また、大雨に伴い発生する土砂災害にも注意しなくてはいけません。

そこで、被害が発生した現場の視察のため、ドローンが使用されています。被害状

況によっては容易に現場へ近づけず、情報収集が難しい場合も。ドローンを現場で飛行させて上空から確認することで、**人が近づけない、広範囲にわたる場所の被害状況を把握することが可能**です。また、被害現場から離れ、安全が確保された場所から飛行させれば、**二次被害を避ける**こともできます。

天候が回復したら、すぐにドローンの飛行に取り掛かれます。もし行方不明者が発生していれば、救助は一刻を争うので、準備に時間がかかるヘリコプターよりも、ドローンの運用が有利といえるでしょう。

建築土木の項で、ドローンを活用して3次元測量を行い、削り出す土の量を算出する取り組みを解説しました。これは土砂災害の現場でも応用できると考えられます。現場を3次元測量し、データを消防や警察、行政機関や病院など関係者で共有することにより、状況を把握し、対応を取りやすくできるでしょう。

物流でのドローン活用が進めば、今後は災害現場への救援物資の輸送も可能になります。公共利用では、ここまでに紹介した様々なドローンの活用方法を組み合わせて実施することが肝要です。

公共利用（2） 通学路の見守りに活路あり

子供の数が年々減少している昨今は、学校の統廃合が行われています。それに伴い起きるのが、子供たちの通学の問題。スクールバスの導入ができれば良いですが、バスを導入するほどの距離ではない、でも通学路の距離は長い、という悩ましい状況も発生しています。学校が統合される前までは徒歩10分で通学できていたのに、統合後は徒歩20分以上もかかるようになったとすれば、事故や事件に巻き込まれるかもしれません。

通学路の見守りにドローンを使用する試みが行われています。

ドローンによる子供の見守りでは、通学路から**「やや離れた場所」**を飛行ルートとして設定。なぜ通学路の上空ではなく「やや離れた場所」なのかというと、万が一ドローンに不具合が生じた場合に、**飛行経路下への影響を考慮するため**です。

警備の項目で説明したように、巡回警備は自動操縦を利用して行われます。通学路の見守りも同様に、離陸したドローンは設定された飛行経路を、自動的に航行します。

操縦に手間がかからない分、リアルタイムで送られてくる**映像の確認に専念**できることも、ドローンによる見守りの強み。事件や事故が発生した際には有効な**証拠資料**を得られます。

また、見守りをする地域の広さに応じて、ドローンの台数を調整すれば、見落とす場所も少なくなるでしょう。概ね決まっている**登下校の時間だけ飛行**させれば、子供たちを見守るという**目的は十分達成**可能というわけです。

ドローンによる見守りは地方での導入検討が進められています。一方で、今後レベル4飛行が展開していく中で、都市の市街地における導入も検討されるでしょう。市街地では防犯カメラが設置されていますが、電柱や店先に取り付けられたものよりも、さらに高い位置から見守りをできるのがドローンの強み。ドローン、防犯カメラ、その他様々な技術を組み合わせて、子供たちの安全安心を確保したいものです。

公共利用（3） 1000人以上を救命！ その利用方法

夏になると海水浴場が多くの人々で賑わいます。海水浴は楽しいものですが、危険も潜んでいます。最近では、浜辺から沖へと流れていく「離岸流」という言葉をたびたび聞くようになりました。離岸流に入ってしまった人がパニックになり、浜辺へ近づこうとして体力を消費し、溺れてしまうという事故が発生しています。

海水浴を楽しむ人々の安全を守るためにドローンが活用されつつあります。

具体的には、沖合に出したドローンで遊泳区域を見守るというもの。海水浴場では監視員が高い位置から周囲を見守っていますが、ドローンによって監視員の省人化や、遊泳者の安全性のさらなる向上を狙います。

また、ドローンに搭載した**スピーカーからの音声で遊泳者に注意喚起**したり、**浮き具を落下**させる仕組みを取り入れたりすることも可能。一刻も早く救助するための工夫が施されます。

東日本大震災で津波による大きな被害を受けた仙台市では**「津波避難広報ドローン事業」**を2022年10月から実施しています。**津波警報などが発表されると同時に2機のドローンが飛行開始**。海岸にいる人々に、スピーカーから避難を呼びかける音声やサイレンを流します。このような**自動化はドローンならでは**といえます。

2023年9月に静岡県下田市で行われた、ドローンを活用した海水浴場の安全監視に関する実証実験の様子。遊泳者の頭上を避けながらドローンを沖合に出し、海岸を監視する。将来的には現役ライフセーバーと地元の地域人材等が連携しながらドローンを操縦し、海の安全を守る考えだ。

ドローンによる水難救助の初の事例といわれているのが、2018年1月に発生したオーストラリアでの事故。高波に飲まれて沖に流された若者2人は、ライフセーバーたちがドローンからリリースした浮き具に捕まり、自力で海岸まで戻りました。

なお、DJIによれば、ドローンは世界で**1000人以上**を危険から救うことに貢献した(1)といいます。ドローンは人命救助にますます有効活用されるでしょう。

1 2023年7月11日発表のプレスリリースより。この数字には海難事故だけでなく、道に迷ったり、雪道で立ち往生したりした人たちの救出事例も含む。

公共利用(4) 消火にも現場検証にも

火災現場も危険な場所であり、ドローンの活用が期待されます。

中国では、実際の**消火活動**にドローンが使用できないか、実証実験を行っています。高層ビルの高層階で火災が発生した場合、消防車のはしごが届かず消火活動が行えないことが想定されます。

そこで、化学消火剤を放出するホースをはしご車に乗って地上から伸ばし、はしごが途絶えたところでドローンに引き継ぎ、火災現場へ近づけ消火。また、水や消火剤を積載したドローンを消火活動に投入する実験も行われています。

ドローンで消火活動が行えれば、人間が危険な火災現場で作業する必要性が減り、人間の安全性も高まるといえるでしょう。

また、ドローンに期待されるのは消火活動だけではありません。

火災現場は約1000℃という高温に達することも。消防隊員がいきなり燃え盛る建物の中に入るのは危険です。

そこでドローンの出番。スイス連邦材料試験研究所とインペリアル・カレッジ・ロンドンは共同で、**火災現場の初期情報を取得できるドローン**を研究しています。高温に耐えられるように機体をコーティングし、カメラやセンサーによって建物内を調べ、消火活動の計画を立てるのに活用するというものです。

消火活動終了後には、消防法に基づき、現場検証などの**「火災原因調査」**が必要です。ここでもドローンが効果的に使用できます。

火災原因調査では火元の建物の所有者や目撃者等への聞き取り、そして、現場検証によってどこが最も燃えているのか、どこから出火したか等を調査。現場検証で様々な角度から写真撮影を行いますが、地上からの撮影だけでは、どうしても被災建物の一部の撮影にとどまってしまいます。そこで、空撮も組み合わせることで、より詳細に現場の記録を残すことができます。

もちろん空撮データを使用して測量もできるので、3Dモデリングにより**現場をCGで再現**することも可能。これをもとに、火元からどれくらいの距離に、どんな被害が出たのかなど、正確に検証できます。また、火災の起きた建物のオーナーと保険会社が協議する際の材料にもなります。

これから伸びる産業と組み合わせて新たなビジネスを作れ！

ウェブサイト「DMM WEB CAMP」では、この先10年で伸びると予測される10の産業・業界・事業を紹介しています。この中で紹介されているものを組み合わせれば、ビジネスの成功の可能性がより高まるといえるでしょう。もちろん、ドローンも取り上げられています。左ページの表をもとに組み合わせを検討してみると「ドローン＋農業」や「ドローン＋物流」など、ここまで取り上げてきた分野が登場します。では、その他にどんな組み合わせがあるか、考えてみましょう。

ドローン＋エンタメ

夜空に向かって飛行した多数のドローンが編隊を組み、色とりどりの形を作る「ドローンショー」。東京2020夏季オリンピックの開会式で注目を集め、2023年以降、夜空を彩るイベントとして、頻繁に開催されるようになりました。『ディズニー』

や『ポケットモンスター』といった、メジャーなコンテンツとのコラボレーションも見かけるようになり、今後ますます多くのショーが開催されるようになるでしょう。

ドローン＋福祉

屋内でも飛行させやすい小型ドローンの操縦を、高齢者のリハビリに活用することが考えられます。各種センサーを搭載しプロペラガードを装備した小型ドローンなら、壁など障害物が多い屋内でも安心して飛行させられます。操縦で指を使うことは、適度な刺激にもなるでしょう。また、外出が困難な高齢者施設の利用者にVRゴーグルを使用してドローンからの映像を見せ、まるで遊覧飛行をしているような気分を味わってもらうという使い方もできそうです。

ビジネス展開が想像しづらい「ドローン＋ネット広告」でも、もしかしたら何かチャンスがあるかもしれません。頭を柔軟にして検討することが大切です。

この先に伸びる業界・産業・事業

❶ IT業界	❻ 福祉業界
❷ ドローン業界	❼ 起業・フリーランス産業
❸ エンタメ業界	❽ 物流業界
❹ ネット広告業界	❾ 医療業界
❺ 農業界	❿ 宇宙開発事業

※DMM WEB CAPM「これから伸びる業界9選＋1」をもとに作成

ドローンビジネス始めてます！

File.3

物流 藤井翔（39歳） 中田悠太（38歳）

前職：航空機の販売（藤井／現在も継続）、航空機のリース（中田）
ドローンスクール入学：あり（藤井、中田）
ビジネスを始めた時期：2021年9月（藤井、中田）
所有資格：FAA事業用操縦士【計器飛行】、航空無線従事者（藤井）　ほか
使用する機体：Wingcopter W198（藤井、中田）
初期投資：非公開

message
分野によって誰にでもチャンスがあります（藤井）
世界をリードできる可能性がある面白い業界です（中田）

――おふたりは伊藤忠商事航空宇宙第一課で物流ドローンを取り扱っています。どんな経緯でドローンに興味を持たれましたか。

藤井　学生時代から航空機に興味があり、これまでも仕事で取り扱ってきた中で、設計思想が航空機に近づいたドローンの存在を知り「これはビジネスになる」と感じました。

中田　ドローンは今後、市場が洗練されていくところ。そこへ最初から入れるのは面白そうですし、様々な社会課題を解決する可能性を秘めた商材として、会社としても取り組む意味があると思いました。

――仕事の役割分担としては？

藤井　私はドローンに限らず航空機全般のビジネスを課全体で見て、中田がドローンプロジェクトの事業化のために動いています。

――御社は大型ドローンを使用して血液製剤を輸送する、物流分野に関わっています。その理由は？

中田　今後物流ドローンが社会実装される中、弊社が有人機を通して培った知識や経験、ネットワーク、また総合商社ならではの幅広い事業力が活かせると考えたためです。

藤井　物流への参入障壁は高いですが、企業で取り組むことで価値が発揮できる分野であることも大きいです。

――面白い、あるいは難しいのは？

藤井　難しいのは既存物流とコスト比較をされること。2024年問題など輸送能力不足の課題解決に各種ロボットの活用が検討される中で、ドローンは新しい輸送手段として捉えるべきだと考えています。

中田　ドローンと聞くと玩具をイメージする人が多いです。ギャップを埋めて、もっとビジネスで使えることを広げていく必要がありますね。

藤井　でも、ユースケース作りをする中で、社内の他部署や、実証実験に協力していただいた病院など、これまで関わりのなかった人たちと仕事し、ビジネスが大きく展開する様子を感じられるのは醍醐味ですね。

中田　まだ正解がない分野ですから。まず、やってみることが大事です。

第4章

ドローンビジネスをするなら 一等無人航空機操縦士 になれ！

飛行に必要なのは許可・承認

第2章、第3章を通じて、すでに様々なドローンビジネスが展開されていることを理解できたと思います。「今すぐにもドローンビジネスを始めたい！」。そんな気持ちになっているのではないでしょうか。でも、もう少しだけ、現在の日本における、ドローンの法規制や資格制度について説明します。なぜなら、**いきなり機体を購入して飛行させたら、違法行為をしてしまうかもしれない**からです。

これまでに何度か、航空法によりドローンの飛行空域や飛行の方法が規制されていることに触れました。それらについて、詳しく解説します。

100g以上のドローンを飛ばせ！

航空法の定義では、**無人航空機は100g以上の重さがあるもの**とされており、1[1]00g未満は「模型航空機」と分類されています。模型航空機は航空法の適用をほとんど受けませんが、小さい分、使用用途が限られます。

ドローンビジネスで使用する機体は、空撮で使用するドローンが1kg前後から、重

1　2022年6月以降、100g以上のドローンはすべて国土交通省に機体登録が義務付けられており、自動車の登録番号（ナンバー）のような「登録記号」の機体外への掲出や、飛行位置などを発信する「リモートID」の搭載が必須となった。

くても10kgほど。農薬散布用や物流用の機体の中には25kg以上もある大型ドローンも存在します。

このようにドローンビジネスにおいては、100g以上の機体を飛ばさないと仕事になりません。**ドローンビジネスには大きな機体が必須**といえます。

しかし、100g以上の機体は、**航空法によって飛行空域や飛行の方法が規制**されており、適法に使用する[1]ことが求められています。

空港周辺や人口集中地区などは飛行NG！

ドローンは、飛行機など他の有人の航空機による安全な航行を邪魔しないように、左記のような**空域での飛行が規制**されています。

① **空港等の周辺の空域** 「空港等」とは羽田空港や伊丹空港のような飛行機が離着陸する場所だけでなく、ビルの屋上等に設けられたヘリポートも含みます。これらの空港やヘリポートに設けられた制限表面[2]の上空も飛行できません[3]。

② **緊急用務空域** 大きな山火事や土砂崩れなど災害が発生した場合、警察や消防が緊急でヘリコプター等による捜索や救助といった活動を行うことがあります。その飛行を妨害しないため設けられる空域のこと。

2 航空機が安全に離着陸するために設定されている、空港周辺に障害物がない状態にしておくための空間。すべての空港に進入表面、転移表面、水平表面といった制限表面が設定されている。

3 新千歳空港、成田国際空港、東京国際空港(羽田空港)、中部国際空港、関西国際空港、大阪国際空港(伊丹空港)、福岡空港、那覇空港では、進入表面や転移表面の下の空域、さらに空港の敷地の上空も飛行NG。離着陸が多い空港では、ドローンの飛行が厳格に制限されている。

③ **地表や水面から150m以上の空域**　第1章で解説した通り、この空域では有人の飛行機やヘリコプターの飛行が優先されます。

また、人が多く住んでいる場所や、家屋が密集している地域を **「人口集中地区（DID）」**[1] と呼びます。④ **人口集中地区の上空の飛行** も規制されています。

モニターを見続けたり、農薬を運んだりするのもNG!?

ドローンは便利な道具になりますし、実際に操縦してみると、本当に楽しいです。ただし、高速で空を飛ぶ以上、使い方を誤れば事故につながります。そこで、ドローンを飛行させる際には左記を**遵守**しなくてはいけません。

「アルコール等を摂取しているときに飛行させない」　自動車と同様に、飲酒しての操縦は厳禁です。また、違法薬物はもちろん、眠気を生じさせるなど、操縦に影響を及ぼす医薬品の摂取もさけましょう。

「飛行に必要な準備が整っているか確認を行うこと」　ドローンが問題なく飛行できるかどうか、飛行前に機体を点検する必要があります。また、ドローンが飛行する空域に障害物がないか、気象条件に問題がないかも確認します。

「航空機や他の無人航空機との衝突を予防するように飛行させること」　もしドローー

1　5年に1度の国勢調査の結果をもとに設定される。最新の情報は国土地理院が運営する地理院地図で確認可能だ。

飛行が規制されている空域

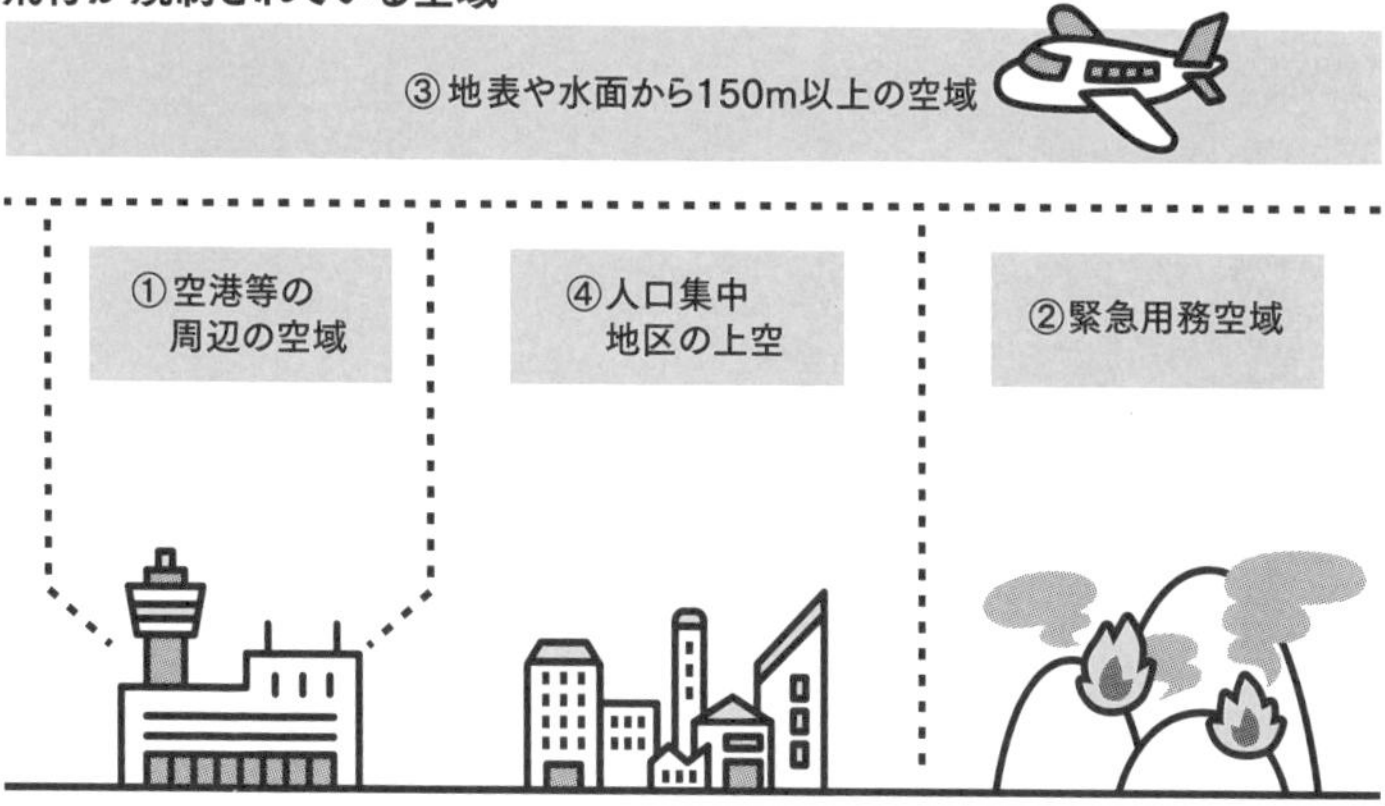

規制されている飛行方法

ンの飛行中に、飛行機や他のドローンが接近してきたら、衝突しないように下降させるなど、衝突を避ける行動を取ります。

「他人に迷惑をかける方法で飛行させないこと」 ドローンをむやみに人に近づけたり、苦痛を感じさせる高周波の音をドローンから発したりするといった、人が迷惑に思う飛行をしてはいけません。

また、左記のようなドローンの**飛行の方法が規制**[1]されています。

Ⓐ **夜間の飛行** 航空法では**日没から日の出までの間を夜間**と定め、この間にドローンを飛行させることを規制しています。

Ⓑ **目視外の飛行** **「目視外」とは人が自分の肉眼でドローンを見ていない状態**のこと。つまりドローンから送信される画像をモニターで見続けながら飛ばしたり、双眼鏡を通してドローンを見ながら飛行させたりすることはできません。

Ⓒ **人や物件との距離を確保できない飛行** ドローンを、飛行に関係ない人、あるいは建物や車両などの「物件」から**30m以上離して飛行させましょう**。

Ⓓ **催し物上空での飛行** **お祭りやライブイベントなど**、特定の日時・場所に多数の人が集まる催しが行われている場所の上空では飛行できません。

1 国立天文台が発表する日の出、日の入りの時間が適用される。

Ⓔ **危険物を輸送する飛行** 爆発物や放射性物質に加え、農薬なども含めた「危険物」をドローンに積んで運ぶことは規制されています。

Ⓕ **物件を投下する飛行** 農薬や水、あるいは宅配物といったドローンに積んだ物を、任意のタイミングで落とすことはできません。

特定飛行の許可・承認を取得してドローンビジネスを進めよう！

4箇所の規制がある飛行空域と、6つの規制された飛行方法を説明しました。このような**規制された飛行を「特定飛行」**といいます。

改めて検討すると、空撮をする場合、モニターを見ながら画角を決めなくてはいけないので、Ⓑ目視外の飛行をする必要があります。もし東京都の隅田川花火大会を空撮するのなら④人口集中地区の上空での飛行やⒶ夜間の飛行も欠かせません。また、農業や物流をするなら、Ⓕ物件を投下する飛行も必要ですし、離着陸する場所の近辺に物件がある場合も多いためⒸ人や物件との距離を確保できない飛行をすることもあります。

ドローンビジネスは、①～④のような**規制のある空域での飛行の「許可」**や、Ⓐ～Ⓕのような**規制された飛行方法の「承認」**を取得しなければ、進められません。逆にいえば、**特定飛行を行っても良いとする許可・承認を得ているからこそ、ビジネスになる**のです。**レベル3飛行までは、許可・承認を得ることで可能**になります。なお、レベル4飛行については許可・承認以外にも必要なものがあり、164〜165ページでまとめます。

許可・承認を得るためには、各地方航空局長[1]に対して申請を行います。申請に使用される書式が通称**「様式1」「様式2」「様式3」**と呼ばれるもの。

「様式1」こと「無人航空機の飛行に関する許可・承認申請書」では、許可・承認が必要な飛行とその理由、飛行の安全を確保するために取る体制とそれをまとめた飛行マニュアル、加入している保険等について記入します。

「様式2」は「無人航空機の機能・性能に関する基準適合確認書」となっており、飛行するドローンの性能について記入します。

そして「無人航空機を飛行させる者に関する飛行経歴・知識・能力確認書」である「様式3」。**ドローンパイロットの要件を満たしているか**答えます。内容は以下の通り。

「飛行経歴」　ドローンの種類別に、**10時間以上**の飛行経歴が求められます。

「知識」　航空法関係法令に関する知識があるかどうか。ここで「関係」とあるのに注意しなくてはいけません。つまり**航空法だけでなく、ドローンの飛行に関係する様々**

1 ①空港等の周辺の空域、および③地表や水面から150m以上の空域における飛行の許可を得るための申請は、飛行する空域を管轄する空港事務所長に行う。

な法律についての知識も問われます。また、**安全飛行に関する知識**として、気象や、ドローンが備える安全対策機能の使い方等の知識も必要です。

「能力」　ドローンの操縦技術です。ドローンビジネスで使用する機体は、GPSや各種センサーの機能により安定した飛行ができますが、使用シーンによっては、それらをオフにして飛行させなくてはいけないことも。その技量を問われます。

許可・承認を得るためにはWebサイト**「DIPS2.0（ドローン情報基盤システム2.0）」**の申請ページにアクセスし、設問に答えれば申請可能。審査を受け、問題がなければ、晴れて許可・承認を取得、**「無人航空機の飛行に係る許可・承認書」**が発行されるという運び。ドローンビジネスの第一歩を踏み出すことができるのです(2)。

「ドローンの操縦には何か資格が必要では？」と疑問に思う読者もいるでしょう。実は、2023年11月の時点では、**レベル3飛行までは常に必要ありません**。必要なのは「様式3」で求められている飛行経歴、知識、能力です。そして、「様式3」の条件をクリアして発行される「無人航空機の飛行に係る許可・承認書」が最も必要とされるものです。

2　このほかに、DIPS2.0から、飛行日時や場所、高度などを飛行計画として通報する必要がある。

民間資格は取るな！ 国家資格を取れ！

ところで、DIPS2.0には誰でもアクセス可能で、ログインアカウントはメールアドレスと電話番号、本人確認書類があれば簡単に作成できます。**「誰でも簡単に」**というDIPS2.0は便利ではあるものの、問題があります。実は、申請者が「様式3」の要件を満たしているか、証明するすべがないのです。ですから、飛行経歴、知識、技術に関する回答は、すべて**申請者の自己申告**なのが実情。

国土交通省は、許可・承認の申請の際に、そのコピーを提出すれば「様式3」の申請を省略することができる、国土交通省航空局認定の技能認証という仕組みを制定しました。これが、いわゆる**「民間資格」**と呼ばれるものです。

あわせて国土交通省は、法律や操縦などを適切に指導できるか、講習マニュアルが準備できているかなどを審査し、クリアしたドローンスクールを同省Webサイトで紹介する**「航空局HP掲載講習団体」**という制度を作りました。[1] 2017年4月から運用されていたものの、2022年12月に**登録講習機関制度が開始して募集停止**。掲載講習団体は、最終的に**約1500団体**にのぼりました。

1 100ページを参照。

これらのドローンスクールに入校し、航空法等の法律や、機体の操縦等に関する講習を受け、10時間の飛行訓練をし、スクールが実施する試験に合格すれば、スクールを管理している団体から民間資格が発行されます。

多くのドローンスクールが「2日間、10万円でドローンの民間資格が取得できる！」といったプロモーションを行っているのは、**民間資格が様式3をクリアするエビデンスになるから**です。

しかし、国土交通省では**ドローンの飛行に民間資格が必要であるとは説明していません**。それどころか「HP掲載講習団体が発行する民間技能認証[2]については個別の飛行毎の許可・承認の操縦者の技量審査のエビデンスとして活用しておりますが、現時点の想定としては、本年[3]12月5日の3年後をもって、飛行申請時のエビデンスとしての活用を取りやめることとしております。」と明言[4]。つまり、2025年12月には、**民間資格は何の価値もないものになってしまう**のです。

断言します。**民間資格を取る必要は一切ありません**。でも、資格がない人に仕事は依頼されづらい。そこで、今後取るべきは、**国家資格である「無人航空機操縦者技能証明」**であり、その中でも、最難関である**「一等無人航空機操縦士」**です。

2 編注：民間資格のこと

3 編注：2022年

4 【登録講習機関】よくある質問」(https://www.uapc.dips.mlit.go.jp/contents/org-lic/question_RTI.html) から引用

一等無人航空機操縦士こそ最上の資格である！

ドローンに関する日本初の国家資格「無人航空機操縦者技能証明（以下、技能証明）」にはレベル1～3飛行に対応し、**レベル4飛行には必須の「一等無人航空機操縦士（以下、一等）」**と、**レベル3までの飛行ができる「二等無人航空機操縦士（同、二等）」**があります。技能証明の詳細は後述しますが、ドローンビジネスをするなら、**絶対に一等の取得を目指すべき**です。

前項で紹介した民間資格は何種類もあり、なかには日本のドローンビジネス黎明期から続く資格や、多くの所持者がいる資格があります。しかし、民間資格はドローンスクールに**お客さんを呼ぶためのツール**であり、受講さえすれば、**不十分な講習や訓練でも発行される**ものもあり、まさに玉石混交。そのため**民間資格が所持者の知識や技術を担保しているとはいえません**。これはドローン業界に入ればよくわかります。

2023年11月現在において、その人が持つ**知識や技術を国が証明している資格は、**

技能証明だけ。また、**一等を所持していることは、高度なレベル4飛行を実施できる知識と技術を持ち合わせている証明**にもなります。二等は知識と技術の証明にはなっても、できるのはレベル3飛行まで。それは許可・承認を受ければできる飛行でもあります。

そして**一等は、二等を経なくても取得可能**。二等を取ったからといって、一等を取りやすくなる特典はありません。だったら、最初から二等を包含する試験内容の一等を目指して勉強したほうが効率的。

また、技能証明制度が開始したことで、航空法の条項が、技能証明を受けていることを前提とした書き方に変更[1]されており、今後、**許可・承認だけでは飛行ができなくなる可能性**もあります。

何より「一等」であるが故に、仕事を発注する人に対して、知識も操縦技術も信頼できそうという印象を与えられるでしょう。

以上のことから、私は、ドローンビジネスをするなら、一等を所持するべしとすすめています。

1　規制がある飛行空域について、2022年12月の改正前の航空法第132条では「何人も、次に掲げる空域においては、無人航空機を飛行させてはならない。」とあった。改正後の航空法第132条85では「何人も、次に掲げる空域においては、**技能証明を受けた者が機体認証を受けた無人航空機を飛行させる場合(中略)でなければ**、無人航空機を飛行させてはならない。」と、技能証明の有無を明記。このことからも、今後は技能証明取得が必須になると考えられる。

国家資格「無人航空機操縦者技能証明」の取り方

免許とは異なる操縦ライセンス

あらためて技能証明について解説しましょう。

2022年12月に制度が開始した技能証明は、いわゆる「操縦ライセンス」ですが、**「免許」とは異なります**。免許とは、官公庁が通常禁止していることを、行っても良いと特別に許可すること。一方、技能証明は、資格を所持している人に知識と技術があることを証明するもので、免許ではありません。

技能証明は一等も二等も、**ドローンの重さ、実施可能な特定飛行が限定**されています。最初に取得する「基本」には、「目視内」「昼間」「25kg未満」という限定がかけられていますが、各限定を変更する試験に合格すれば、承認を取得しなくても目視外や夜間の特定飛行を行えて、25kg以上のドローンも扱えるようになる仕組み[1]です。

1 ドローンの種類については「飛行機」「回転翼航空機（ヘリコプター）」「回転翼航空機（マルチローター）」があり、それぞれで基本を取得し、限定変更する必要がある。

無人航空機操縦士試験の内容

技能証明を取得するには**「学科試験」「実地試験」「身体検査」**からなる**「無人航空機操縦士試験」**を受けなければなりません。

学科試験では国土交通省が発行する**「無人航空機の飛行の安全に関する教則」**に準拠した、航空法や関連法令に関する知識、機体の特徴や飛行原理、安全に飛行させるための体制の構築方法、運航上のリスクについての問題が、**三択式**で問われます。

■無人航空機操縦者技能証明の限定

等級	機体の種類	機体の重量	飛行の方法
一等	回転翼航空機 (マルチローター)	25kg未満	目視内
二等	回転翼航空機 (ヘリコプター)	25kg以上	昼間
	飛行機（固定翼）		

■無人航空機操縦士試験の内容の違い

●学科試験

一等		二等
70問	問題数	50問
75分	時間	30分
あり	計算問題	なし
90％程度	合格基準（正答率）	80％程度

●基本に係る実地試験

一等		二等
オフ	GPS・センサー類	オン※
あり	高度変化を伴う操縦	なし
80点以上	合格点	70点以上

※異常事態における飛行の試験時にはオフ

一等と二等の試験で最大の違いは、**計算問題があること**。一等の試験では、飛行機の旋回半径[1]や、電波のフレネルゾーン[2]の大きさなどを求めるために、三角関数や平方根を使用し、電卓を駆使して計算します。

操縦の技術をチェックする実地試験では、長方形の飛行コースを試験員の指示に従って周回飛行させたり、8の字飛行させたりします。また、飛行計画が適切に立てられているかを問う**机上試験**も行われます。加えて、基本に係る実地試験では事故などの定義や事故発生時の対応方法を答える**口述試験**も実施。

一等の試験ではGPSや各種センサー類をオフ[3]にして操縦しますが、わずかな風でもフワフワと流されるドローンを制御しながら、高度変化を伴う操縦も行わなければならず、その**難易度は二等の試験の比ではありません**。

身体検査はパイロットの心身の状態が、ドローンを操縦するのに問題ないかどうかを確認するために行われるもの。具体的には視力や色覚、聴力、運動能力等を検査します。身体検査は自動車運転免許証など**公的証明書で代替可能**。ただし、一等で25kg未満の限定変更を行う場合は、医師の診断書が必要です。

自動車運転免許の取得方法に似た試験の受け方

1 飛行機が円を描くようにする飛行を旋回といい、その円の中心と飛行機の間の距離を旋回半径という。

2 電波が電力を損失することなく到達できる領域のこと。楕円形をしており、この中に障害物があると、電波の伝搬がうまくいかなくなる。そのため、送信機からの電波でドローンを操縦する場合は、見通しが良い場所で行う必要がある。

3 一等実地試験における目視内限定変更の試験の一部科目ではGPS・各種センサー類をオンにして行う。

無人航空機操縦士試験を受けるには、あらかじめDIPS2.0で**「技能証明申請者番号」**を発行。そのうえで受験方法は一等、二等の違いに関わらず、2通りあります。

1つめは、**指定試験機関が実施する実地試験を受験する方法**。例えるなら、直接試験場で受験する自動車の普通免許試験、いわゆる**「一発試験」と同じ**ような形です。受験者は**まず学科試験に合格する**必要があります。学科試験はパソコンで解答するCBT（Computer Based Testing）方式で行われ、全国各地に設けられた試験会場で、随時受験可能です。

学科試験に合格後、実地試験を千葉や愛知、京都など全国各地で開催される**実地試験会場まで受験しに行きます**。基本に係る実地試験は各会場とも1回の試験につき受験者数を最大5人程度までしか受け入れていないので、希望の会場で受験したい場合は「無人航空機操縦士試験」公式サイトで発表される開催日程と募集開始日をよく確認しましょう。実地試験、そして身体検査に合格すれば技能証明が発行されます。

2つめは、**登録講習機関となっているスクールで受講する方法**。受講者は**「初学者」**と**「経験者」**に分けられ、国土交通省が定めたカリキュラムと講習時間に基づき**学科講習、実地講習を受講**します。学科講習では学科試験に出題される内容を学習。実地講習では基本的な操縦方法を学び、実地試験のコースを反復練習する流れです。

スクールで受講する最大のメリットは、**実地試験の受験が免除されること**。実地講習を終えたあとに行われる実地試験と同等の修了審査に合格すれば、指定試験機関での実地試験の受験は不要です。ただし、**学科試験は指定試験機関での受験が必須**。これと身体検査に合格すれば、技能証明が発行されます。自動車に例えるなら、**自動車教習所で運転免許を取得するスタイルと一緒**と考えて良いでしょう。

初学者か経験者か、自分で選べる!?

技能証明取得のため登録講習機関で受講する場合、自身が「初学者」か「経験者」かを選ぶ必要があります。まったくドローンに触れてこなかったなら初学者となるのは明白。でも読者の中には、本書をきっかけに再びドローンに興味を持った人もいるでしょう。そんなあなたは経験者です……というのは難しいところがあります。

例えばあなたは、ドローンを触れていないブランクが5年あるとして、その間に改正された航空法の内容を追いかけられているでしょうか。そうでないなら、初学者として、最新の情報をキャッチアップしながら学習することをおすすめします。

実は国土交通省は「初学者、経験者の定義は一律に設けておりません。」「自信がある方は経験者向け、自信がない方は初学者向けを受講いただくことを想定しています。」と公表。[1] **自分のレベルに合わせて、初学者か経験者かを選んで良い**のです。

初学者と経験者の最大の違いは**講習時間**。一等の場合、**学科講習**の時間は初学者が18時間以上、経験者が9時間以上と定められ、**2倍の差**があります。また**実地講習（基本）**に関しては、初学者が50時間以上、経験者が10時間以上と、**その差は5倍！** 国家資格を所持してドローンを操縦するためには、それだけ**長い時間をかけて、学習したり訓練したりする必要がある**ということです。

学びにタイパやコスパは関係ない！

最後に、資格所得にかかる費用を説明します。

最も安く取得する方法は、実地試験を指定試験機関で受験する**一発試験**。身体検査、学科試験、実地試験（基本、目視内の限定変更、昼間の限定変更）をストレートで合格した場合は、一等で7万8900円。二等では7万4000円。ただ、一発試験受験者は、基本に係る実地試験を3回程度受験しているケースが多いようです。また昼間の限定変更も難易度が高い模様。それらを加味して、**受験費用は概ね15～20万円前後**かかると見込まれます。

とはいえ、これらはあくまで試験を受けるだけの金額。試験を受けるまでに学科試

1 「【登録講習機関】よくある質問」（https://www.uapc.dips.mlit.go.jp/contents/org-lic/question_RTI.html）から引用

■一発試験での取得にかかる費用

	一等	二等
身体検査	5,200円	5,200円
学科試験	9,900円	8,800円
実地試験（基本）	22,200円	20,400円
実地試験（目視内の限定変更）	20,800円	19,800円
実地試験（昼間の限定変更）	20,800円	19,800円
合計	78,900円	74,000円

※金額は2023年10月現在。身体検査の金額は書類での受検のもの。実地試験の金額は回転翼（マルチローター）のもの。
※このほか、実地試験合格ごとに、技能証明申請における手数料（2,850～3,000円。一等、二等共通）、登録免許税（3,000円。一等のみ）がかかる。

■スクールでの取得にかかる費用

経験者（民間資格取得費用を含む）	50万円
初学者	70～100万円

※一等の場合。金額は一例

験の勉強も必要ですし、操縦の訓練もしなくてはいけません。まったくの初心者の場合、学科試験対策の資料などを集める費用、訓練に使う機体の購入費やレンタル代、練習場所へ出かける交通費などもかかることを想定する必要があるでしょう。

一方、スクールの中には「20万円で民間資格を取得すれば経験者とみなされるので、技能証明の講習を経験者価格の30万円で受講できる」といった広告を打つところがあります。この場合の受講料は合計で50万円。一方で、民間資格を持たない人を初学者とみなし、受講料を経験者より割高な70~100万円に設定。**民間資格を取ったほうが、費用が節約できると誘導しています**。

これには注意してください。繰り返しますが、国土交通省は初学者や経験者の定義をしておらず、民間資格を所持していたら経験者であるとも公表していません。

多くの人は講習時間が短くなり、受講料金も安くなる経験者枠を希望するでしょう。でも、民間資格を取得し、経験者として改めて技能証明を取得しようとしても、**学科試験で求められる知識や実地試験で求められる技量を、短くなった講習時間で身に付けられるとは、私は思いません**。前述した通り、民間資格は必ずしも知識や技術が身に付いた証明にはなりません。そんな状態で試験を受けても、おのずと各試験の合格率は下がり、**追加の学習や試験の費用がかかる**と考えられます。スクールで学習するなら、**自分のこれまでの経験や学習意欲を踏まえて、よく考えて選ぶべき**です。

近年はコスパ（コストパフォーマンス）、タイパ（タイムパフォーマンス）が追求されるようになりました。でも**学びについてはコスパ、タイパは考えなくて良い**と思います。高校や大学などの進学先はコスパやタイパではなく、卒業後の就職先、今後自分がしたいこと等を考えて選んだはず。スクールを選ぶ時も、同じように**自分がしたいビジネスを考えて、選ぶことが最も重要**でしょう。

まして受講料が安いからと、二等を取得するためにスクールに通うのは避けましょう。狙うは最難関資格として、知識と技術を国が保証している一等だけです！

レベル4飛行に必要な3本柱の安全対策

実は一等になるだけでは、レベル4飛行はできません。レベル4飛行を実現するにあたり、**3つの安全対策**が講じられることになりました。そのうちの**1つが技能証明の一等**です。

2つめは「機体認証制度」という、ドローンが安全基準を満たしているかどうかを検査する制度。**「型式認証」**と**「機体認証」**の2本柱になっています。機体認証制度が開始したことで、量産機として販売されるドローンは、レベル4相当の飛行に対応できる**第一種**と、それ以外の第二種に分けられることになりました。

検査は、まず型式認証の取得から開始。使用されるソフトウェアやサイバーセキュリティ対策、悪天候での飛行能力など機体の安全性に影響する分野に対して、アメリカにおけるドローンの型式認証の審査基準にあわせて、チェックが行われます。

審査基準は第一種でも人口密度が高いエリアで運航される機体といった、**リスクが大きな飛行をするドローンになるほど、厳しくなっていきます**。

型式認証を受けたドローンが次に受けるのが機体認証の検査。**型式認証はドローンのモデルごとに受ける検査**でしたが、**機体認証は使用される機体が1機ごとに問題ないか確認する検査**。車両が1台1台検査を受ける、自動車の車検のような考え方といえるでしょう。なお、型式認証を受けた機体は、場合により機体認証の検査を省略することもできます。

機体の安全対策は制度こそ整備されましたが、第一種型式認証・機体認証を取得した機体は、116ページで紹介したACSLのPF2-CAT3のみ。第二種はまだ登場していません。今後、開発の進展が期待されます。

安全対策の**3つめが、許可・承認**。レベル4飛行を実施するには、安全対策を盛り込んだ**高度な運航計画**を国土交通省に提出し、審査を受け、許可・承認を得なくてはいけません。

レベル4飛行を実現するには一等、第一種の機体、許可・承認の3点が必要です。かなりハードルは高いですが、乗り越えた先に、**ドローンビジネスのブルーオーシャン**が待っています。**一等はその水先案内人**。だから、一等を目指すべきなのです。

航空法以外の法律にも注意するべし

ドローンの飛行には、航空法以外にも、注意しなくてはならない法律があります。

小型無人機等飛行禁止法

航空法以外で最も重視するべき法律が「小型無人機等飛行禁止法」です。航空法が国土交通省の管轄する空の法律である一方で、小型無人機等飛行禁止法は**警察庁が管轄する地上の法律**という位置づけで、**飛行を禁止する場所**を定めています。

具体的には国会議事堂、内閣総理大臣官邸、警察庁や防衛省などの危機管理行政機関の庁舎、最高裁判所庁舎といった**三権の長の施設**、**皇居・御所**、大使館などの**外国公館**、**自衛隊・在日米軍施設**、**空港**、**原子力発電所**など。これら重要施設やその周辺の概ね300m付近では、**どんなドローンも飛行禁止**[1]。また、警察官が違反者に対して警告や、ドローンを破壊するといった飛行の妨害等、命令・措置がとれることも特徴。違反者には1年以下の懲役または50万円以下の罰金が課せられることも。

ただし施設の管理者等の**同意**を得て、警察等に**通報**すれば、**飛行可能**になります。

1 重さや形は関係なく、遠隔操作や自動操縦できるドローンがすべて禁止。また無人のグライダーや飛行船なども飛行禁止。

民法

民法では第207条で**「土地の所有権は、法令の制限内において、その土地の上下に及ぶ。」**と規定。しかし**所有権が及ぶ範囲は土地所有者の「利益の存する限度」**とされています。利益の存する限度は、その土地に立つ建物の高さなどによって判断されるため一律に決められませんが、土地の上空のどこまでも所有権があることにはならないと解釈されています[2]。そのためドローンが私有地の上空を飛行するときに、**常に所有者の同意を得る必要はない**とされています。

道路交通法・道路法

パレードなどで道路を使用するといった円滑な交通を阻害する場合、道路交通法の**道路使用許可**が必要ですが、**単に道路の上空で飛行させる場合には必要ありません**。ただし、道路上に離着陸場を作ったり、注意喚起の看板を立てたりする場合は、道路使用許可や道路法の道路占有許可が必要になることもあります。

2 内閣官房小型無人機等対策推進室「無人航空機の飛行と土地所有権の関係について（2021年6月28日）」を参照。

河川法

河川上空や河川敷でドローンを飛行させる場合には、**河川法上の許可は必要なし**。ただし、ダム付近の施設や、河川の中にある公園などでは**飛行を禁止している場合があるので、河川事務所など関係各所に確認**しましょう。

港則法・海上交通安全法

港則法が適用される港や、**海上交通安全法が適用される海域の上空**での飛行に、**許可や届出は必要ありません**。しかし、港や海上に離着陸場を作るなど、船舶の交通に影響がある場合は、届出が必要になることもあります。

このほかにもドローンで撮影した映像の**プライバシーや肖像権**についての考え方をまとめた**「総務省『ドローン』による撮影映像等のインターネット上での取扱いに係るガイドライン」**や、操縦に欠かせない電波について取り扱う**「電波法」**など、確認しなくてはならない法律が各種あります。1つ1つ点検し、適法に飛行させることが大切です。

日本の法律は優しく、追い風が吹いている！

ここまで紹介したように、一等を所持すれば知識と技術が証明され、許可・承認を得ることでドローンの飛行に関する航空法の規制はクリアできます。小型無人機等飛行禁止法によって飛行が禁止されている場所でも、手続きを踏めば飛行可能。**日本の法律は、ドローンに対してとても優しい**んです。

「ドローンを飛ばせる場所がない」という人もいますが、**知識と技術をしっかり身に付ければ、日本中、どんな場所でも飛ばせる**のです。

グローバルでは、許可・承認を取れば規制をクリアできるというのは珍しい状況。アメリカでは飛行がレジャー目的であっても、専用の「TRUST」という資格の取得が必要ですが[1]、日本では特定飛行でなければ自由に飛ばせます。また、テロを警戒する国などでは厳格なルールが定められ、許可・承認など得られないこともあります。

ドローンを産業にするという一貫した方針のもと、日本政府は許可・承認の仕組みや技能証明など、**ドローンビジネスを展開しやすくする法整備**を行ってきました。今まさに、ドローンビジネスに**追い風が吹いている**状況なのです。

1 250g以上の機体を飛行させる場合。また、ビジネスで飛行させる場合は「Part107」というドローンの商業利用に関する法律に基づいた資格取得が必要。

本当に怖い事件・事故

これまで起きたドローンによる事件や事故を紹介。事故1つで人々に「ドローンは怖い」という印象を与えかねません。ドローンビジネスを志す皆さんはこれらの事例を他山の石として、安全安心なドローンの運航を誓ってください。

首相官邸に侵入

2015年4月、総理官邸の屋上に、反原発活動を行う福井県の元自衛官が操縦するドローンが侵入しました。警備中の警察官がドローンの存在に気づいたのは、侵入から約2週間後。これを契機に、ドローン対策が強く検討されるようになりました。

菓子撒き中に落下して6人がケガ

東海地方ではお祝いごとの際、高所から菓子を撒いて参加者に感謝を示す「菓子撒き」が行われます。2017年11月に岐阜県大垣市で、ドローンを使用した菓子撒きが行われましたが、飛行中にトラブルが発生し、墜落。周囲にいた6人が負傷しました。パイロットや関係者以外がケガをした初の事例といわれています。

小型無人機等飛行禁止法で摘発

2019年11月、海上自衛隊呉地方総監部の上空でドローンを飛行させた男が摘発されました。練習として飛行していたようですが、自衛隊施設での飛行を禁止した小型無人機等飛行禁止法違反に該当するのは明白です。

偽造した許可・承認書を提示して逮捕

2022年8月、長崎県長崎市で行われていた精霊流しのイベント上空で許可・承認を得ずにドローンを飛行させたパイロットが逮捕されました。悪質だったのは、偽造した許可・承認書を提示したこと。2023年8月に下った判決は懲役1年6か月、執行猶予3年、罰金20万円。執行猶予以外は求刑通りという厳しいものでした。

原発周辺で無登録のドローンを飛行

2023年4月には機体登録していないドローンを北海道電力泊原子力発電所周辺で飛行させた男が逮捕。航空法違反により罰金20万円の略式命令が下りました。

ドローンビジネス始めてます！

File.4

ドローン・コンプライアンス・アドバイザー
尾関健（49歳）

前職：システム管理
ドローンスクール入学：あり
ビジネスを始めた時期：2020年4月
所有資格：一等無人航空機操縦士、第一級陸上特殊無線技士　ほか
使用する機体：DJI Mavic 3 Cine、DJI Phantom4 Pro　ほか
初期投資：約100万円

message
150mまでの空間をどう使うか
アイデア次第で一攫千金です！

——なぜドローンに興味を？

尾関　もともと、自動車メーカー関連会社でシステム管理をしていました。2019年頃、社内イベントでドローンに触れる機会があったことがきっかけ。「Tello」という小さな機体でしたが、空撮ができて「可能性がある分野では」と感じ、本格的に法律の勉強や操縦訓練を始めました。

——「ドローン・コンプライアンス」とは、どのような仕事？

尾関　IT業界では情報漏洩対策として、社内規則や法律を守るコンプライアンスの姿勢が徹底されています。ドローンも航空法をはじめとした各種ルールを遵守しなくてはいけません。僕は今後、ドローンもコンプライアンスが重視される時代になると考えています。それを踏まえ、案件に対して、飛行計画を立てたり、必要な許可や、行政上の手続きなどを洗い出したりして、飛行を実現させるのが僕の仕事です。

——行政書士とは違うのですか。

尾関　行政書士は飛行の許可・承認申請を代行するのが仕事で、具体的にどんな許可や承認がいるかなどは教えてくれません。ドローン・コンプライアンス・アドバイザーは申請の代行に限らず、パイロットを総合的にサポートし、彼らの負担を軽減することが目的になります。

——ビジネスは順調ですか。

尾関　当初は航空法解説セミナーに知り合いが1人参加してくれただけでしたが、地元のプロパイロットと繋がりアドバイザーを務めはじめてからは、東京のレインボーブリッジを空撮するなど、大きな案件を獲得しています。メインの収入は、サブスクリプションでの契約が月額約20万円、その他に飛行計画立案などを約20万円から請け負っています。1年目の収入としては800万円ほどでした。今後はレベル4飛行に対応する案件もこなしたいと考えています。

第5章

来る
ドローン3.0時代の
ビジネスハック

一 空の移動革命の実現で空飛ぶクルマが身近に！

ここまでは空の産業革命を実現するために、人が乗らないドローンをいかに活用するかという観点からお話を進めてきました。では「ドローン3.0のビジネス」の主役である空飛ぶクルマでは、どんなことが検討されているのでしょうか。

実は空の産業革命と並行して、もうひとつ、空を舞台にしたプロジェクトが、経済産業省と国土交通省による主導のもとで進行しています。それは**「空の移動革命」**。その目指すところは**「日常生活における自由な空の移動という新たな価値提供と社会課題解決の実現」**(1)です。

現代において、空の移動はまだまだハードルが高いもの。飛行機こそ頻繁に運航されれ国内や海外への移動に活用されていますが、短距離の移動にヘリコプターを積極的に利用する人は少ないでしょう。満員の電車や渋滞を避けて、空を飛んで通勤・通学できたらいいのに……。夢のような話ですよね。

日本には、離島や山間など、陸上交通によるアクセスが不便な場所が多くあります。

1 「空の移動革命に向けたロードマップ（改定案）」から引用。

さらに地方では移動手段に自家用車が必須。陸の乗り物が利用しづらいなら、空を使って自由に移動できたら良いけれど、適切な手段がありません。

これらの課題を解決するため、**空飛ぶクルマの社会実装**を進めることが空の移動革命における最大の目標なのです。

空の産業革命と同様に、空の移動革命でもロードマップが策定されています。そのタイムラインを確認してみると**2024年度**にかけては**試験飛行や実証実験**を重ねることで、商用運航に向けた準備を進めるとされています。

そして迎えるのが、**2025年**に開催される**大阪・関西万博**。会場内外の離着陸場を結び乗客を輸送することで、**データの収集**に努めるわけです。

万博終了後の**2020年代後半**から、いよいよ**商用運航を拡大**させていくことが期待されています。地方では鉄道駅などから観光地へ向かう二次交通や、搭乗すること自体を観光コンテンツとして楽しむ使い方を想定。一方、都市においては空港や鉄道駅からの二次交通として利用を開始し、次第に都市内や都市間での輸送利用へと拡大。**2030年代以降**に**サービスエリアや路線・便数の拡大**を図ります。

さらに現在では「ドクターヘリ」がヘリコプターによる医師派遣や患者搬送を行っていますが、これに取って代わることもあるでしょう。

そもそも空飛ぶクルマって何？

空飛ぶクルマは大きく分けて3タイプ

改めて、空飛ぶクルマとはどんなものかをはっきりさせましょう。2023年3月に空の移動革命に向けた官民協議会が発表した**「空飛ぶクルマの運用概念」**の中では「**電動化**、**自動化**といった航空技術や**垂直離着陸**などの運航形態によって実現される、利用しやすく持続可能な**次世代の空の移動手段**[1]」と定義されました。

現在の飛行機やヘリコプターと比較してみましょう。電動にすることで、化石燃料を使わず二酸化炭素を排出しないため、**エコでクリーン**に飛行させることができます。さらに電動化により部品交換が減り整備がしやすくなるので、**保守点検のコストダウン**が図れます。またエンジンを使用するよりも**騒音を抑えられる**のもメリット。

自動化、つまり自動操縦にすれば**パイロットが必要なくなる**ため、**運航費用を下げる**こともできます。垂直離着陸が可能なので滑走路は不要であり、**離着陸場も柔軟に設定**できるため、気軽に乗れるようになるのも強みといえます。

1 強調は著者により追加。

これらを兼ね備えた次世代の乗り物が、空飛ぶクルマであると決められました。とはいえ、空飛ぶクルマと称してモーターとエンジンのハイブリッドで飛行するようなタイプも開発されています。こうなると通常の飛行機やヘリコプターと変わらない印象を受けますが、「クルマ」という言葉が入っているように、個人が気軽に、日常的に空を移動するための乗り物であることをイメージさせるため、クルマを名乗っています。[2] この点が飛行機やヘリコプターとの大きな違いです。

空飛ぶクルマは、諸外国では**eVTOL**（Electric Vertical Take-Off and Landing aircraft／電動垂直離着陸機）や、**AAM**（Advanced Air Mobility／次世代航空機）と呼ばれていますが、近年ではＡＡＭが優勢。日本でも国土交通省資料などではＡＡＭと呼ばれる機会が増えていますが、本書では空飛ぶクルマに統一します。

空飛ぶクルマの形態には大きく分けて3種類あります。

① **マルチローータータイプ**　機体に電動のローターを3つ以上取り付けて回転させることで、揚力や推力を得ます。ヘリコプターに近いタイプといえるでしょう。飛行中のバッテリー消費が激しいので、**短距離での運航**に向いています。

2　ちなみに道路を走る能力は必ずしも必要ではない。

② **リフト・クルーズタイプ**　飛行機のような固定翼を備えつつも、ドローンのようにローターを複数取り付けているタイプ。ローターは垂直離着陸用の揚力を得るものと、巡航中に推力を得るためのものが装備されています。固定翼によって揚力が発生するため、**効率的に長距離を飛行**できます。

③ **ベクタードスラストタイプ**　垂直離着陸用と巡航用で同じローターを使用するタイプ。離陸時に揚力を発生させたローターは、巡航時に向きを変え前方への推力を発生させ、固定翼で揚力を得ます。リフト・クルーズタイプよりも**長距離・長時間飛行**できるといわれています。

空飛ぶクルマの飛行に必要なバーティポート

183ページから紹介するように、空飛ぶクルマは各メーカーで様々な機体の開発が進められています。しかし空飛ぶクルマは機体だけあっても飛行できません。**離着陸する地上側のインフラを整備**する必要があります。

空飛ぶクルマの離着陸場は「**バーティポート**」[1]と呼ばれています。現在のヘリポートを空飛ぶクルマ専用にしたものと考えれば良いでしょう。バーティポートでは離着陸するだけでなく、バッテリーの交換・充電も行う必要があります。そこで、取り換

1 Virtical（垂直）とAirport（空港）を組み合わせた造語。

え用バッテリーを保管したり、急速充電施設を設置したりします。

バーティポートは2022年4月、イギリス中部の都市・コベントリーに、世界で初めて開設されました。Urban Air Portが手掛けたもので、サーカスのテントのような建物の中央がくり抜かれ、そこから空飛ぶクルマが離発着する構造。周囲には駐車場も設けられ、バーティポートで自動車と空飛ぶクルマを乗り換えて出かけるという使い方をイメージさせました。このバーティポートはデモンストレーションとして開設されたものでしたが、将来のあり方を示したといえるでしょう。また2022年6月にはバーティポートの早期実用化に向けて、Urban Air Portと日本のブルーイノベーションが共同開発や日本国内で実証実験を行うことを発表しています。

今後、空飛ぶクルマの離着陸には、当面は空港やヘリポートなどが活用される見通しですが、これらがない場所でも自在に離着陸させるために、バーティポート整備は欠かせません。空飛ぶクルマビジネスに**バーティポート整備から参入**するのは十分ありといえるでしょう。またポート内で電源を管理する仕事や、飲食を提供するサービスもできそう。機体に注目が行きがちですが、これまでのキャリアを活かし**周辺にあるビジネスに参入**することも検討してください。

4段階ある空飛ぶクルマの導入フェーズ

ドローンにレベル1〜4飛行があったように、「空飛ぶクルマの運用概念」では、空飛ぶクルマが次の4つのフェーズに沿って導入されることを想定しています。

フェーズ0　試験飛行・実証飛行

今まさに行われている、試験飛行や実証飛行で各種データを収集する段階がフェーズ0。航空法の安全基準に則って、航空局から許可を取得し行われます。

フェーズ1　商用運航の開始

2025年以降の、**空飛ぶクルマ導入初期**。この時期は**パイロットが乗り込み有視界飛行**させることが想定されています。飛行する空飛ぶクルマの数も、まだそれほど多くないでしょう。離着陸場には**既存の空港やヘリポート**のほか、整備されはじめたバーティポートの利用も考えられます。また、空飛ぶクルマに人を乗せず、荷物だけを運ぶ場合には、遠隔操作することも検討されています。

フェーズ2 運航規模の拡大

2020年代後期以降になると、運航方法のノウハウが蓄積され、フェーズ1以上に多くの空飛ぶクルマが飛びはじめます。その中にはパイロットが乗らず**遠隔操作**によって飛行するものも出てきます。また、バーティポートは**ビルの屋上**など、**都市のあちこち**に整備され、空飛ぶクルマの利便性を高めることになりそうです。

フェーズ3 自律制御を含む空飛ぶクルマの運航の確立

2030年代以降は空飛ぶクルマが**高密度**で飛行。遠隔操作だけでなく、パイロットが介在しない**自動操縦**が可能な機体も空を飛び交うことを目指します。

ドローンでは順を追って規制緩和し、最終的にはレベル4飛行で都市部のような人がいる場所の上空を飛行させることを目指しました。空飛ぶクルマの導入フェーズでは当初から都市部上空での飛行も想定しています。私はむしろ地方から導入し、知見を集めて都市部へ導入したほうが、人々が空飛ぶクルマを受け入れる土壌が育つと考えています。今後の状況を見守りつつ、ビジネスの展開を考える必要があります。

2050年、空飛ぶクルマは180兆円マーケットに！

投資銀行や資産運用などを手掛けるアメリカのモルガン・スタンレーは空飛ぶクルマの**2040年**における空飛ぶクルマの世界市場規模は、各種資料によって異なるものの、**1兆～1兆5000億ドル（150～175兆円）**になると予測しています。機体製造はもちろん、バーティポートの整備や、空飛ぶクルマを使った宅配サービスなど関連した分野の成長も考えられますから、一大産業になるといえそうです。一方、矢野経済研究所の試算では**2050年**までに**180兆円**を超える市場になると予測[1]。10年ほどズレが生じていますが、**右肩上がりの成長が続く**見込みであることに変わりはありません。

実際、アメリカの機体メーカーであるJoby Aviationが、2021年8月にニューヨーク証券取引所に上場した際には、株価が公開と同時に33％も上昇を記録。投資家が「この会社の計画は予定通り進む可能性が高い」と考えたから株価が上がるわけで、第三者目線が入っても、この業界が期待されていると判断できるのではないかと思います。

1 「2023年版 空飛ぶクルマ市場の現状と将来展望～社会実装に向けたインフラ整備を中心に～」を参照。

群雄割拠！ 空飛ぶクルマのプレイヤーたち

空飛ぶクルマ業界では、国内外の機体メーカーが開発にしのぎを削っています。また、自動車メーカーや航空会社などが機体メーカーと提携するなど、多くのプレイヤーが参加しています。ここでは主な機体メーカーがどんな機体を開発しているのか、協力する各社とどんな関係を結んでいるのか紹介しましょう。

Joby Aviation（以下、ジョビー） トヨタやANAと協力

2009年にジョーベン・ビバート氏によって、アメリカ・カリフォルニア州サンタクルーズに設立されました。設立当初から空飛ぶクルマの開発に取り組み、試験飛行回数は1000回以上。現在は**2024年の商用運航開始**を目指しています。

同社にとって大きな動きがあったのは2020年。1月に**トヨタ自動車**と機体の開発・生産で協業することを発表しました。この提携により、トヨタ自動車はジョビーの空飛ぶクルマの設計、素材、電動化の技術開発に関わることに。またジョビーに対して**3億9400万ドルを出資**。大きな金額だったことが話題になりました。

2020年12月には配車サービスを行うウーバー・テクノロジーズが手掛けていた空飛ぶクルマの事業を買収。さらに、同社からも7500万ドルの投資を受けました。

機体だけでなくサービス面の整備も進めたいジョビーは、2022年2月に**ANAHD**と、旅客輸送サービスの実現に向けて**パートナーシップを締結**。運航やパイロットの訓練などで協力するとしています。さらに2023年2月には2社が共同で大阪・関西万博の空飛ぶクルマ運航事業者の1つに選ばれました。これにより会場内外に設けられた離着陸場の2地点間を結ぶ空飛ぶクルマを運航することに。

2023年6月にはFAA（アメリカ連邦航空局）から、これまでの手作業で作られた試験機体ではなく、製造ラインによって生産された機体で試験飛行が可能となる許可を取得。さらに10月には、いよいよパイロットが搭乗して試験飛行が開始しました。確実に一歩ずつ、商用運航に近づいているといえるでしょう。

ジョビーが開発している機体は主翼に4つ、機体後部に2つの電動ローターを装備したベクタードスラストタイプ。機体寸法は胴体の長さが7.3mで、大きさとしては幼稚園の送迎バスぐらいといえます。翼の両端の幅は10・7m。搭乗できる人数はパイロット1人を入れて、最大5人。普通のタクシーと同じぐらいの人数が乗れることを考えると、ますます「クルマ」に近いイメージが湧きます。

航続距離は240㎞となっており、東京駅からだと西は静岡県浜松市、北は福島市付近まで、ベクタードスラストタイプの長所を存分に活かして長距離飛行が可能です。

Volocopter（以下、ボロコプター）　JALが出資

2011年にドイツ・ブルッフザールに設立。同年には史上初めて、電動の機体による垂直離着陸に成功しました。同社は機体開発だけでなく旅客路線網や物流網の構築、離着陸場の運営や整備など、空飛ぶクルマにおける**サービス全体を構築**することが目標。これまでドイツ国内やドバイなどで試験飛行を実施し、東南アジア・シンガポールでは試験飛行後にサービス開始のメドが付いたことを発表しています。

同社に対しては、2020年2月に**JALが出資**を発表。さらに9月からは業務提携を結び、市場調査や、日本国内における実証飛行について協力するとしています。また、空飛ぶクルマ事業への進出を図る**住友商事**や、航空機のリース事業を手掛ける**東京センチュリー**もボロコプターへ**出資**を行っており、国内企業の期待の高さが伺えます。大阪・関西万博ではJALが運航事業者に選ばれているため、ボロコプターの機体が大阪の空を飛行するでしょう。

ボロコプターが手掛ける「ＶＣ２-１」（VoloCity）はマルチロータータイプ。18個の電動ローターにより揚力と推力を得ます。機体の寸法は外径11・３m。高さは2.5mなので、人の身長よりもやや大きいといったところ。最大搭乗者数は２人。航続距離は35kmなので、東京駅から千葉駅付近までは飛行できそうです。また、４人乗りのVoloConnectも開発が進められています。

Vertical Aerospace（以下、バーティカル・エアロスペース）丸紅と提携

２０１６年にイギリスのブリストルに設立され、空飛ぶクルマの開発・製造・販売を手掛けています。**イギリス政府からの支援**を受け、航空機のエンジン開発の実績が豊富な**ロールスロイス**や電子機器メーカー・**ハネウェル**といった企業とも**共同で機体開発**を実施。２０２１年６月には**アメリカン航空**から**２５００万ドルの出資**と、**最大３５０機の予約**も受け、大きな期待を寄せられています。２０２１年12月にはジョビーと同じニューヨーク証券取引所に上場しています。

日本企業とは**丸紅**と２０２１年９月に提携。丸紅はもともとビジネスジェットの販売代理店や、グループ企業を通した運航を手掛けており、航空分野に関する知見が豊

富。国内の市場調査や関係省庁との連携で協力します。なお、丸紅もまた、大阪・関西万博における空飛ぶクルマの運航事業者です。

バーティカル・エアロスペースの機体・「VA1-100」(VX4)は飛行機の固定翼のように備えられた主翼の前部に4個、後部に4個の電動ローターを設置。機体寸法は全長13m、全幅は15mとやや大型。パイロット1人、乗客4人を乗せられる客室になっています。航続距離は160km[1]、巡航速度は時速240km。

中国 イーハン(億航智能) すでに日本国内で飛行

2014年に創業したイーハンは中国・広州に拠点を起き、空飛ぶクルマの開発をはじめ、ドローンによる配送など都市内における空の利活用のためのソリューションを手掛けています。

2016年には**世界初の乗用自律飛行型航空機(AAV)**という触れ込みで「EH184」を発表。これをもとに開発された「EH216-S」が、**すでに販売**されています。日本ではAirXが販売代理店を担うほか、各地で飛行試験を実施。空飛ぶクルマが未来の乗り物ではなく、**もうすぐ実現する乗り物**であることをアピールします。

1 東京からの直線距離では、西は静岡県焼津市や長野県上田市、北は栃木県那須町付近。

ＥＨ２１６－Ｓは大きな電動ローターを16個備えたマルチローター タイプ。事前に飛行ルートをプログラムしておくことで、**自動操縦**で目的地まで向かうことが可能。一度の充電で約30㎞を飛行できるので、東京都内で渋滞を気にせず移動するといった使い方ができそうです。全長、全幅がそれぞれ約5.6ｍ、全高1.7ｍの２人乗りですが、パイロットが乗り込まないので、プライベート空間を確保することも。すでに飛び始めていることを踏まえると、ＥＨ２１６－Ｓが空の移動革命を牽引する機体になる可能性もありそうです。

Lilium（以下、リリウム）７人乗り機体を開発

ドイツの企業であるリリウムは２０１５年に創業。他社がパイロットも含めて５人乗りという機体を手掛ける中で、リリウムはパイロット１人を含む７人乗りの機体「Lilium Jet」を開発しているのが大きな特徴です。

Lilium Jetは翼のある従来の飛行機と同様の形態。ところがその主翼には36基もの推進装置「電動ジェットエンジン」を搭載しています。これを利用して、モーターで圧縮した空気を噴射して推力にすることが可能に。化石燃料を燃焼させないので二酸化炭素排出量もゼロ。離陸時はエンジンを縦向きにして上昇し、巡航時は水平にして

進む仕組み。同社はLilium Jetを**「世界初の電動垂直離着陸ジェット機」**としてアピールします。機体寸法は全長8.5m、翼幅13・9m。最高速度は時速300㎞程度とされています。2024年には初の有人飛行、2025年から世界複数都市での運航実現を目指して、開発が進行中。

日本企業では東レが2020年7月、機体に使用する炭素繊維複合材料を供給する契約を締結。同社としても2020年5月に発表した中期経営課題〝プロジェクトAP-G2022〟で空飛ぶクルマが抱える課題解決に利用可能な炭素繊維複合材料の開発を進めるとしています。2021年にリリウムはNASDAQに上場。また、ブラジルの大手航空会社アズールと提携し、最大220機を導入すると発表しました。さらに2023年6月には中国進出も果たし、深圳などで機体販売を行う見通し。

Archer Aviation（以下、アーチャー）量産化が目前

2018年にアメリカ・カリフォルニアで設立。ニューヨークの市内各地を10分で結べるような機体を開発し、**2030年**までに**6000機が飛行**することを目標にしています。これに力を貸すのがアメリカの大手航空会社・**ユナイテッド航空**。アーチ

ャー初の顧客となり**100機を導入**すると発表されています。またフランスの自動車メーカー・ステランティス[1]もアーチャーに出資し、製造技術など技術提供を行って共同で機体開発を行うとしています。アーチャーはジョージア州コヴィントンに製造工場を建設することも公表しており、今後の動きに注目したい企業の1つといえるでしょう。

同社でまず開発した試験用機体「Maker」は可変式の電動ローターを6機、揚力を得るために補助的に使用する固定式の電動ローターを6機装備。試験飛行の結果、性能に問題がないことが確認できたため、2022年11月に量産機「Midnight」の開発を発表、2023年5月には初号機が完成しました。

Midnightはパイロット1人を含む5人乗り。航続距離は最大160マイル（約257㎞）の性能を持つものの、同社の目標である都市部での交通問題の解決に対応するため、約20マイルを10分ほどの充電時間で飛行させることが可能な設計になっています。また、地上に達する騒音は45デシベル程度となり、**ヘリコプターより1000分の1も静か**になる見込み。2024年に有人飛行試験、2025年からの商用運航開始を目指しています。

1　2021年にイタリアのフィアット・クライスラー・オートモービルズと、フランスのグループPSAの2社による対等合弁で誕生した自動車メーカー。

LIFT（以下、リフト）国内で実証飛行を実施

2人乗り以上の機体が多い中、リフトが開発する「HEXA」は1人乗り。自分で操縦することを念頭に開発されています。

マルチロータータイプで、機体の上部には18個の電動ローターが備えられ、最大で6個が使用できなくなっても飛行できる冗長性に優れた構造。また電動ローターを手の届かない位置に設置したり、パイロットから離れた位置にバッテリーを配置したりすることで、安全性を高める工夫が施されています。機体下部に目を向けるとフロートを装備しており、水陸どちらにも着陸可能。万が一のためにパラシュートも備えられています。全長4.5m、高さ2.6m、巡航速度は時速約100㎞です。

操縦はコックピットに備えられたジョイスティックで行います。スティックから手を離せばその場でホバリングし、バッテリーが少なくなると離陸地点に戻る仕組みは、どこかドローンを思わせる機能。なお、離着陸は自動で行います。

リフトは誰もが空を飛べる電動垂直離着陸機の製造を目標に、2017年にアメリカ・テキサス州で設立。創業者のマット・チェイセン氏は運送業を営むuShipも創業

した連続起業家です。創業間もなくＨＥＸＡの設計を終え、２０１８年に無人飛行、チェイセン氏が操縦する有人飛行を立て続けに成功。同年に初めて一般公開され、ジェフ・ベゾス氏やドバイの皇太子などセレブリティも関心を寄せています。２０２０年には**初の量産機体を出荷**し、翌年にはテキサス州オースティンに**初となるバーティポート開設**の許可をＦＡＡから取得。**アメリカ空軍とも提携**しており、順調にビジネスを展開しています。

特筆すべきはすでに**日本で実証飛行を実施**していること。２０２３年３月、大阪府・大阪城公園内野球場で行われた実証飛行は丸紅が協力。同社は２０２１年度からリフトと連携し、日本市場での展開を目指しています。また、インターネットセキュリティを手掛けるＧＭＯインターネットグループの熊谷正寿社長がパイロットを務めたことでも話題になりました。

大阪・関西万博の運航事業者である丸紅。ＨＥＸＡを使い、どのような飛行ルートを設計するのか楽しみです。

Jetson（以下、ジェットソン）F1マシンのようなボディ

安全な個人用電動航空機を使用して、旅行の方法を変えることを目指して、スウェ

ーデンで2017年に設立。そのフラッグシップモデルである「Jetson ONE」は、9万8000米ドルですでに販売開始しています。

大きな特徴は、その形状。F1マシンを彷彿とさせるボディに、身1つで乗り込みます。SF作品に登場するかのようなスタイルは、乗る楽しみを喚起するでしょう。操縦は2本のジョイスティックで行う仕組み。機体の四隅には電動ローターを8個設置。モーターが1つ動かなくなっても飛行できる他、パラシュートも装備して安全性を高めています。全長2・48m、全幅1.5mという寸法を見ると、軽自動車と同じぐらいの大きさといえるでしょう。

最高速度は時速102km。満充電の状態で20分の飛行が可能ということで、移動というより、**乗車体験を楽しむレジャー**用途のほうが使用しやすいかもしれません。

SkyDrive（以下、スカイドライブ）国産メーカーの雄

海外メーカーの紹介が続きましたが、日本メーカーも存在感を発揮しています。スカイドライブは**国内メーカー最大手**。トヨタ自動車出身の福澤知浩氏が2018年に設立しました。愛知県豊田市に研究拠点を設けており、飛行試験も同市内でできることを強みとして開発を進めています。

国内企業や団体からも期待を寄せられています。自動車メーカーの**スズキ**とは2023年6月、同グループの静岡県内にある工場を使用した**機体製造**で合意。これを受け10月には、スカイドライブの製造子会社「Sky Works」が磐田市内の工場で2024年春から製造開始を目指すと発表されました。また、**宇宙航空研究開発機構（JAXA）**とは機体の**低騒音化**に向けて、共同研究を行っています。

機体販売にも積極的です。2022年11月、ベトナムで鉄道や高速道路などインフラ開発を行う**パシフィックグループ**から**最大100機**のプレオーダーを受注。2023年7月にはアメリカのチャーター機運航会社・**オースティンアビエーション**と**5機**、9月には韓国の航空機リース会社である**ソリュー・カンパニー**と**最大50機**を納入することで合意しました。

機体開発では2020年に「SD-03」で有人飛行によるデモフライトに成功。その後に開発を始めた「SD-05」はマルチロータータイプ。パイロット1人を含む2人定員で、12個の電動ローターにより揚力・推力を得て飛行するとしていました。

ところが、2023年6月に仕様変更が発表され、定員は3人に。これは運航会社やエンドユーザーの要望に応えたため。機体名も社名に合わせた「SKYDRIVE」

となりました。SKYDRIVEは機体寸法が全幅13m。全長13m、全高3mなので路線バスと同じぐらいの長さと高さといえます。最大巡航速度は時速100km、航続距離は15km。都市内でのちょっとした移動に、便利に使えそうです。

大阪・関西万博では、スタートアップ企業として、唯一運航に参画するスカイドライブ。国内の空飛ぶクルマ企業の雄として、今後も活躍が期待されます。

テトラ・アビエーション 1人乗り機体の購入予約を受付中

東京に本社を構える同社は2018年以来、1人乗りの機体開発を進めています。当初は固定翼とダクテッドファン[1]を備える「Mk-3」から開発をスタート。同機は2020年に開催された、国際航空機開発コンペ「Goffy」で、世界854チーム中**唯一、プラット・アンド・ホイットニー・ディスラプター賞を受賞**。後継機「Mk-5」は2021年にデビューしました。リフト・クルーズタイプで、幅8.6m、長さ6.1m、本体の重量は357・8kg。最高速度は時速160kmというスペック。

この機体は**購入予約を受け付けています**。自分で乗るために買ってもいいですが、ぜひビジネスプランを考えて、購入を検討してみてください。

1 円筒形の中にローターを組み込んだ推進機。

耐空証明・型式証明の取得が発展につながる

空飛ぶクルマの機体開発が各国で進められていますが、機体を作ったら好きに飛ばして良いというわけではありません。特に乗客を乗せて飛行させるような航空機は**「耐空証明」**や**「型式証明」**を取得しなくてはならず、空飛ぶクルマも同様です。

耐空証明は飛行させる機体1機ごとに安全性や環境適合性が保たれているか、国が審査・検査する制度。一方で型式証明とは、1機ごとではなく、同タイプの機体の設計などが問題ないか確認する制度です。審査や検査は、機体の開発と並行して国土交通省が行います。

国産初のジェット旅客機を目指して開発が進められた「スペースジェット」（旧MRJ）のことを覚えている読者も多いでしょう。同機が開発中止となった原因の1つとして、型式証明の取得が困難だったことが挙げられています。

日本における空飛ぶクルマの耐空証明や型式証明の申請状況を見てみましょう。

空飛ぶクルマでは**国内初**となる型式証明の申請は、2021年10月に**スカイドライ**

ブが実施。同社は2025年の大阪・関西万博に向けて、まず同年に運航するSKYDRIVEの個別の機体ごとに耐空証明を取得。さらに2026年に型式証明を取得して、量産を目指す方針です。

2022年10月、**ジョビー**が国土交通省に型式証明を申請しました。2023年には**ボロコプター**、**バーティカル・エアロスペース**も続きます。いずれのメーカーの機体も大阪・関西万博での飛行が見込まれ、それに合わせた申請といえるでしょう。難航が予想される型式証明に4社もチャレンジしていることからも、空飛ぶクルマを日本で普及させたいという意図が伝わってきます。

空飛ぶクルマビジネスをするうえでは、**各種証明の取得がどう進むのかについても注視**する必要があるでしょう。2023年10月には、イーハンのEH216-Sが中国民用航空局から、世界初となる型式証明を取得というニュースが。空飛ぶクルマの社会実装が確実に進んでいますが、このように取得について前向きな発表が多くなってきたタイミングこそ、ビジネスの風向きが追い風になった証といえます。

なお、型式証明はFAAおよびEASA（欧州航空安全機関）のものが世界標準になっています。もし、これらの当局が各種証明を発行すれば、各国でも追従する可能性があるので、動向をチェックしましょう。

空飛ぶクルマの機運醸成にeULPの活用を

空飛ぶクルマは当初の実装段階で、パイロットが搭乗すると想定されています。ところが**パイロットの育成**はまったくといっていいほど**進んでいません**。なぜなら、パイロットの要件がどんなものなのか、まだ発表されていないから。空飛ぶクルマビジネスにパイロットとして挑戦したいという人にはやきもきした日々が続きますが、その間にできることとして、**ULP**（Ultra Light Plane／超軽量動力機）の活用をおすすめします。

ULPとはエンジンを備えた簡易的な構造の飛行機。機体重量は1人乗りで180kg以下、2人乗りで225kg以下、推力はプロペラで得て、車輪などの着陸装置を装備し、燃料タンク容量は30L以下であることといった機体の条件がありますが、通常の飛行機に必要な**耐空証明は必要ありません**[1]。また、パイロットの**技能証明も不要**[2]。ただし、異なる2地点間を飛行することはできず、離陸したところに戻ってこなくてはいけないため、スポーツ的な要素が強く、一般的には愛好家が集まったグループやスクールなどで講習を受けて、操縦技術を学びます。

1 飛行には、試験飛行などに関する航空法第11条第1項ただし書きの許可を得る必要がある。

2 試験飛行などを行うパイロットの技能を確認する航空法第28条3の許可を得る必要がある。

現在のところ、動力がエンジンのULPしかないようですが、今後、電動タイプ、いわば**「eULP」**が開発されれば、それを**空飛ぶクルマに見立てて操縦訓練に使用**することが可能でしょう。2人乗りタイプなら、パイロットと教官が乗り込めるので、教習もしやすいと考えられます。こうして**先んじて空を飛行するうえでの作法を学び、実際に飛行経験した時間を稼いだうえで、空飛ぶクルマのパイロットに転向**することもできると考えられます。

また、eULPは教習以外にも使用できます。私は、**最初に空飛ぶクルマを使うビジネスモデルはレジャー**だと考えています。沖縄の綺麗な海や、北海道の一面の雪景色を、空から遊覧するビジネスが始まるでしょう。もちろん自動操縦で車窓をじっくり眺めるのも良いですが、もし自分で操縦しながら見られたら、よりコンテンツとしての価値が高まるのではないでしょうか。このビジネスにeULPを使用します。体験者は事前に身体検査を受け、eULPの操縦に必要な知識を習得。地上で操縦指導者が監督のもと離着陸練習飛行等を経験すれば操縦できるようになるので、富裕層に対して魅力的なコンテンツに映ること請け合いです。

空飛ぶクルマ導入に向けた機運を高めるためにも、より手軽に飛行可能なeULPの開発・導入を、各メーカーには検討してもらいたいと考えています。

国内の自治体も空飛ぶクルマに積極的にアプローチ

空飛ぶクルマは自動車の運転が困難になる高齢者の足や、観光資源としての利用が想定され、各地方自治体からも期待が寄せられています。中には独自にロードマップなどを導入して、積極的に導入を検討している自治体も。取り組みを紹介します。

大阪府　万博後も使用できる航路を研究

具体的に協議や活動を行う「空の移動革命社会実装大阪ラウンドテーブル」を２０２０年に設立。機体メーカーやバーティポート整備、保険など各分野を担当する80以上の会社や団体が参加しています。２０２１年度に策定された「大阪版ロードマップ」ではコンセプトに「空飛ぶクルマ都市型ビジネス創造都市」を掲げ、２０２５年の大阪・関西万博で人々が空飛ぶクルマに親しみ、２０３０年代以降に日常的に使用できることを目標としました。現在は「大阪ベイエリア航路実現性の調査」などを通して、大阪・関西万博、そして**その後の使用も見据えたバーティポートの研究**などが進められています。

兵庫県　救急用途での研究も進める

兵庫県では大阪府や神戸市と連携し、空飛ぶクルマ実装促進事業を展開中です。2023年8月には6社を採択事業者と決定し、補助金として最大で約3000万円を支援する予定。空飛ぶクルマではドクターヘリのような救急用途も想定されています。採択事業者のうち、エアバス・ヘリコプターズ・ジャパンは日本気象協会と共同で、**空飛ぶクルマを活用して血液輸送**が可能かどうか検証する事業を実施。また、神戸に本店を置く商社・兼松はスカイドライブと共に神戸市内のバーティポート候補地を抽出し、社会実装をどのように進めるか検討します。

和歌山県　既存交通インフラとの連携を目指す

2023年4月に和歌山県版ロードマップ・アクションプランを策定。2025年までにバーティポートや運航ルートの整備などを進め、2030年までには柔軟な運航を目指すとしています。また、2030年代以降における**バス、鉄道など既存インフラとの連携**についても言及している点に注目。空飛ぶクルマを含めた時刻表検索の仕組みを整えれば、ビジネスチャンスがあるかもしれません。

愛媛県　事業者マッチングを推進

愛媛県版「空飛ぶクルマ」のロードマップでは、2025年から物流ドローンによる輸送を始めると公表。空飛ぶクルマについては、大阪・関西万博での運航実績を踏まえて、2027年以降に導入を目指します。2023年3月には大阪に続いて県内の新居浜市や今治市で、リフトのHEXAを使用した有人飛行試験を実施しており、導入への熱意は高いことが伺えます。また、**事業者をマッチングさせる推進ネットワーク**を立ち上げ、参画者を募集しています。このような機会から空飛ぶクルマビジネスに参入するのもありでしょう。

香川県　県内企業が観光に活用

県独自の官民協議会で活発に会議が行われています。候補飛行ルートを決め、**県が需要予測調査を行う**ことを予定している点が特徴。また、高松市に本社を置き産業用ロボットの導入提案などを行う**大豊産業は空飛ぶクルマの運航に参入**すると発表しました。スカイドライブの機体をプレオーダーし、香川県や愛媛県の**離島観光に活用**する予定。ロボットの利用に強みがあることを活かして、同社がどのように事業を展開するのか注目です。

愛知県　基幹産業として育成

トヨタ自動車を頂点とする自動車産業が盛んですが、**航空宇宙産業も活発**に行われています。他県が交通機関としての利用を想定する中、愛知県では空飛ぶクルマやドローンを**基幹産業**として育てていく方針を「空と道がつながる愛知モデル２０３０」として、２０２３年5月に発表。かつて県内で行われたスペースジェットの開発で培った技術や人材を、ドローンや空飛ぶクルマに活かすねらいがあります。ロードマップも公表され、より便利に使える機体開発を検討するとしています。機体開発に興味があるのなら、愛知県で事業を展開することも考えてみましょう。

このほか、三重県でもロードマップを策定するほか、長崎県や大分県でも導入に向けた検討を進める動きが。また福島県の「福島ロボットテストフィールド」では、空飛ぶクルマの離着陸技術等に関するテストが行われています。このように、全国各地で、空飛ぶクルマを導入するためのアクションが起きています。

2024年、丸の内で空飛ぶクルマが舞いあがる

東京都における空飛ぶクルマの導入は、どのように検討されているのでしょうか。現在**「東京ベイeSGプロジェクト」**として、東京湾に面する中央防波堤エリアで将来の街づくりに向けた各種の実証実験などを行っています。この中で空飛ぶクルマも取り上げられており、2023年度〜2025年度にかけて、野村不動産が行う空飛ぶクルマ用浮体式ポートの実現可能性を検証する事業、丸紅エアロスペースが**HEXA**を使用した**有人による2地点間飛行の実証**などを行う予定です。

これとは別に2022年8月**「都内での空飛ぶクルマの社会実装を目指すプロジェクト」**が1件採択されました。同プロジェクトで三菱地所、JAL、兼松からなるコンソーシアムが2024年に飛行させる場所は、都心のど真ん中、**丸の内**の可能性があるのです。

プロジェクトで三菱地所が担うのはバーティポートの整備。バーティポートは同社が所有する**ビルの屋上**や**駐車場**などに設置すると検討されています。三菱地所といえ

ば、丸の内の開発においてはリーダーのような存在。もしかすると、その象徴ともいえる丸ビルや新丸ビルから、空飛ぶクルマが舞いあがることもありそう。

２０２３年にはまずヘリコプターを利用して空域や航路を検証し、２０２４年に空飛ぶクルマが飛行する予定。ＪＡＬが参画していることから、使用されるのはボロコプターの機体になるでしょう。

このプロジェクトで空飛ぶクルマの飛行は、遊覧のような形で行われるとのこと。丸の内のビル街を見下ろす景色を眺めたい人が多くやってきそうです。

ところで、もしあなたが不動産業に携わっていたり、ビルなどを所有していたりするのであれば、三菱地所の考え方を応用できると思いませんか。都心にはビルの屋上も、駐車場もたくさんあります。それらをバーティポートとして使用できるように整え、使ってもらう。そんなビジネスを展開することも可能でしょう。このプロジェクトの結果は、都心における空飛ぶクルマの活用方法にヒントを与えてくれますから、注視しておく必要があります。

203X年、関東平野に100㎞30分圏が誕生する!!

東京都では活用が検討されている空飛ぶクルマですが、**関東地方の各県での取り組みはまだまだ盛り上がっていない**のが現状。ですが、実は関東平野は空飛ぶクルマにとって、とても魅力ある地域なのです。

関東平野は東京を中心に、北は茨城県水戸市や栃木県宇都宮市、東は千葉県銚子市、西は静岡県熱海市付近まで広がっています。そして、これらの地域が東京都を中心に**概ね半径100㎞**に収まっており、大きな経済圏を作っています。また、半径100㎞の中には、温泉地として名高い箱根も含まれています。

空飛ぶクルマの航続距離はリフト・クルーズタイプやベクタードスラストタイプでは約100~300㎞と紹介しました。つまり、関東平野の中を飛行するには**十分なスペック**を有しているのです。巡航速度は機体によって公表の有無がありますが、概ね時速100~200㎞は出せる模様。

これらの機体が関東平野に投入されると何が起きるか。もっとも大きな変化は、住む場所だと考えられます。時速200㎞で飛行できるなら、水戸市や宇都宮市など**北**

関東から東京都心までわずか30分。(1) 十分に**通勤圏内**になるといえるでしょう。

新型コロナウイルス禍によりリモートワークや郊外移住が注目されましたが、まだ東京都心への通勤需要は旺盛。また、都心ではマンション価格が上がっており、住居の確保が難しくなっています。一方で、郊外の都市は快適な住環境や子育てがしやすい政策をアピールし、移住者を熱心に集めています。これらの都市にバーティポートが設置され空飛ぶクルマでの通勤が実現すれば、郊外での生活に注目が集まり、地価が値上がり、住宅販売が盛り上がることにもなりそうです。

マルチロータータイプは航続距離が30km程度とされています。都市内での利用を想定しているためと考えられますが、それほど長い距離が飛行できないので、利用方法が限られるのではと危惧しています。マルチロータータイプも航続距離100kmを30分で飛行できるスペックで開発すれば、利用の幅も広がるでしょう。これから機体開発に挑戦したい方には、心に留め置いていただければと思います。

日常生活で自由に空を移動できるようになる203X年。その時までにできるビジネスは何か、その時からできるビジネスは何か、ぜひ今から検討を始めてください。

黎明期の空飛ぶクルマビジネスを盛り上げるのはあなたです！

1 鉄道では東京駅から東京都三鷹市の三鷹駅付近や神奈川県横浜市の戸塚駅付近、埼玉県大宮市の大宮駅付近までが概ね30分圏内。

軍事ドローンの市場拡大は続く

2022年2月から始まったロシアによるウクライナ侵略。その大きな特徴はドローンが活用されていることです。連日の報道に登場するドローンにはどんなものがあるのかをチェック。

あらゆるニューテクノロジーは軍事面での活用から進むと知られています。いまや生活に必須のインターネットは、1960年代にアメリカ国防総省が、旧ソ連から攻撃を受けてもダウンしない通信システムを研究する中で開発されたといわれます。

ドローンの歴史を紐解くと、1918年、第一次世界大戦中に開発された無人飛行爆弾のケタリング・バグがその元祖だといわれています。第二次世界大戦でドローンの通称を初めて使用したBQ-7は、高性能爆薬を搭載し、目標まで遠隔操作して突撃させる機体。1990年代には無人偵察機「プレデター」が登場しました。

ドローンを使用するメリットは、人が乗り込まないため、相手に限りなく接近するなどリスクの高い行為ができること。今後は有人の戦闘機もドローンに取って代わられる可能性が十分あります。また有人機より低コストなのも強み。

報道で確認する限り、今般のウクライナにおける戦闘では軍事用の高額な機体ばかりではなく、我々が購入できるような民生機も戦線に投入されているようです。日本では使用できる無線帯域の都合等により、操縦できる飛行距離が制限されていますが、海外では10㎞程度の飛行が可能。最前線の兵士が偵察のために飛行させるのであれば、民生機の性能で十分だと考えられます。また、ウクライナ軍はオーストラリアの企業から提供を受けたダンボール製のドローンも投入しています。紙とゴムで作られているので、レーダーに感知されづらいのが大きな特徴。ローテクを活用してハイテクを圧倒することもあるわけです。さらに、ウクライナ産のドローンが攻撃使用されているケースも。首都キーウにはドローンを製造するスタートアップ企業が立ち上がり、偵察用などの機体を製造しているそうです。

ロシア側も大量のドローンを投入しており、この戦闘がどのように終結するのか見通しはまったく立ちません。しかし戦後、技術力を身に付けたウクライナがドローン大国になっている可能性も。世界が不安定になる中、軍事ドローンの市場は拡大が続くでしょう。

ドローンビジネス始めてます！

File.5

空撮 中澤亨（31歳）

前職：旅行業（現在も継続）
ドローンスクール入学：あり
ビジネスを始めた時期：2020年6月
所有資格：一等無人航空機操縦士、無人航空機操縦者技能証明修了審査員　ほか
使用する機体：DJI Phantom4 Pro V2.0、DJI Mini 2　ほか
初期投資：約180万円（同僚と2人分）

message **1人ですべての案件を背負わず仲間と一緒に協力して仕事しよう**

——旅行業界で働いていますね。

中澤　2020年春からのコロナ禍で業界全体が低迷。新しいサービスを検討するなかで、兄弟が触っていたドローンに興味を持ち、情報収集する中でビジネスとしてやっていけそうだと感じ、参入を決意しました。

——空撮を始めたきっかけは？

中澤　ドローンビジネスを行う「ウイングスカイルート」を設立し、周囲にドローンを始めたと話していたら、分譲地を空撮する依頼をいただきました。クライアントに満足してもらえる映像が撮影でき、それを皮切りに、次々と空撮の仕事が入りました。その流れで、現在も空撮を中心にビジネスを行っています。

——中澤さんはこれまで、ドローンで地上1000ｍから市街地を空撮するなど、高度な撮影も行われています。

中澤　僕自身は操縦が好きなので、機体から送られる映像越しに絶景を見たり、それをクライアントに提供できたりするのは楽しいです。一方で、空撮映像が普及し見慣れてきたことで、クライアントから求められるクオリティが年々上がってきています。安全面を考慮したうえで要望に応えるにはどのように飛行させるか、塩梅が難しいシーンが増えてきていますね。

——空撮分野は成長が頭打ちといわれますが、何に気をつければ、ビジネスができそうですか。

中澤　撮影から編集まで一括で受けるのはもちろんですが、最近では撮影だけ行いクライアントに撮影素材を渡す「撮って出し」の仕事も増えています。この案件で1日10～30万円といった単価なので、効率よく仕事を回していけば、まだまだ参入する余地はあると思います。

——最近は点検業務もされています。

中澤　GPSが入らない場所での点検は、パイロットの操縦が必須。空撮で磨いた技術が役立ちます。やはり空撮はドローンビジネスの基本です。

第6章

ドローンビジネスの未来が見えるインタビュー

GMOインターネットグループ
代表取締役グループ代表 会長兼社長執行役員・CEO

熊谷正寿

空は最後の産業フロンティア

インターネットに関するサービスを総合的に展開するGMOインターネットグループ。同社を率いる熊谷氏は空の世界に造詣が深い。ドローン3.0時代における、空飛ぶクルマのセキュリティについて話を聞いた。

1991年、ボイスメディア（現・GMOインターネットグループ）を設立。幼い頃から空を飛ぶことに憧れており、ヘリコプターの自家用パイロット免許、飛行機の自家用パイロット免許を取得している。

可視化しづらいセキュリティを見えやすくする

名倉　御社では2023年3月、リフトのHEXAを使用して、大阪市内の屋外スペースで有人での実証飛行を実施されました。これは日本初の事例で、熊谷さんもパイロットとして搭乗。同機は1人乗りという点が、他メーカーの機体と最も違うところかと思います。なぜ同機を選ばれたのですか。

熊谷 最大の理由は、FAAが「飛行しても良いと認めている機体」だったからです。航空機を飛行させるには各国で型式証明等を取得する必要があります。また、機体操縦に関する訓練を受ける必要もあります。しかしHEXAは軽量飛行機に分類されるため、飛行に免許や型式証明は必要ありませんでした[1]。

名倉 ですから熊谷さんも「初級・操縦士証（ビギナー・パイロット・サーティフィケイト）」を取得し、飛行させることができたわけですね。

熊谷 もうひとつの理由として、世界の航空法はアメリカのルールに合わせていますので、アメリカで問題なければ、いずれ日本でも飛行できるだろうという見込みがあったから。空飛ぶクルマの日本への導入を目指して、リフトと連携している丸紅とご縁があったことも、採用したきっかけです。

名倉 御社が空飛ぶクルマで目指すビジネスは、安全安心な運航を実現するサイバーセキュリティの実現であると、私は認識しています。しかし、熊谷さん自身が搭乗する姿を拝見すると、その枠を超えているように感じています。御社は「空の移動革命に向けた官民協議会」や「大阪・関西万博×空飛ぶクルマ実装タスクフォース」にも参画されています。セキュリティという限定された分野ではなく、業界全体を見渡し、

1 HEXAはアメリカ航空法のPart103（軽量飛行機）基準で飛行するため、アメリカ国内で飛行する場合は、同法上の免許は不要。しかし、リフトが提供する飛行訓練プログラムの受講が必須。

空飛ぶクルマの事業を多角的に展開するのでは、というイメージを抱きはじめましたが、今後のビジネスモデルについては、どのようにお考えですか。

熊谷　結論から申し上げますと、私たちはセキュリティ以外の分野で、空飛ぶクルマの事業に関与する予定はありません。セキュリティの可視化は難しいです。安全で当たり前だと思われていますし、アタックを受けたとしても見えません。例えば、閣僚をはじめとする国会議員のみなさまのWebサイトは、毎日ものすごいアタックを受けているんですが、その多くを私たちが全力で守っています。その証として、各議員のサイトにはなりすましを防止し、公式サイトであることを証明するシール（電子証明書）を表示しています。これと同じように、ドローンや空飛ぶクルマでも安全であることを可視化したい。そこでまず、私が自ら操縦し安全を証明しています。

名倉　2023年6月に行われた日本最大のドローン展示会「Japan Drone 2023―第8回」では御社が会場入口の最も目立つところに出展し、HEXAを展示して来場者の注目を集めていましたが、セキュリティの展示も充実していた印象があります。実際に操縦をジャックするデモンストレーションを通して、セキュリティの重要性を理解できました。

熊谷　私自身は空に最も精通している経営者であるという自負があります。その意味において、空の利活用における可能性と問題点の両面を理解し、自らのこととして語れます。空飛ぶクルマを操縦している私の話が、一番説得力があると思いますよ。話は変わりますが、弊社は経済産業省の空飛ぶクルマを扱うセクションにパートナー(従業員)を派遣しています。例えば空飛ぶクルマやドローンが乗っ取られ、原子力発電所などに落とされるなど悪用されたら困る。そうならないようにセキュリティが大事です、という話をするためなのですが、政府における対応方法はまだ検討の途上。そこで、空に一番詳しい経営者の私と、インターネットのセキュリティを守る私たちがお力添えしています。

名倉　空の世界の可能性、そして危険性や問題点を理解されている御社だからこそ、セキュリティに特化して事業を展開しようと考えられていることがわかりました。では、問題点は具体的にどのようなものがありますか。

熊谷　ドローンにも空飛ぶクルマにも、テクノロジー的な問題はもうないと考えています。問題があるのは法規制です。日本で特に指摘したいのは、自由に離着陸できないこと。例えば、アメリカ・ロサンゼルス国際空港の駐車場の屋上にあるヘリポートは、自由に無料で離着陸できます。一方日本では、公共ヘリポートや飛行場を除いて、国土交通大臣の許可がないと着陸できません。これではどこでも離着陸できるヘリコプターの強みを発揮できないんですよ。おそらく空飛ぶクルマも同じ問題が発生すると思います。空飛ぶクルマの利点は、飛行機やヘリコプターが飛ぶ空域よりも低いところを飛び、どこへでもすぐに飛んでいけること。この問題をクリアして、自動車の代わりとしてみんなが安全に、便利に使えるよう整備する必要があります。今の法律のままでは空飛ぶクルマが不便になってしまいます。

名倉　積極的に空飛ぶクルマが利用できるように、法律の改正が望まれますね。発展性や可能性についてはいかがですか。

熊谷　窓の外を眺めればわかるように、陸は人と建物、自動車や自転車といった乗り物でいっぱいです。でも、空はガラガラじゃないですか。これが可能性の最たるものです。そして空飛ぶクルマの動力は、基本的に電気なので排気ガスも出さずエコ。渋滞はないので速く、直線的に移動できます。空は本当に可能性を秘めているんです。そういう意味では、空が最後の産業フロンティアでしょう。フロンティアといえば宇宙もイーロン・マスク氏や堀江貴文君が目指していて、僕も関心があります。でも、優先順位が高いのは、眼の前にある空を活用することです。

名倉　おっしゃるとおりですね。本日はありがとうございました。

日本政策投資銀行
産業調査部兼航空宇宙室調査役

岩本学

移動インフラを再構築し空飛ぶクルマの導入を

2019年からドローンや空飛ぶクルマビジネスに関する取組を開始。現在はものづくりをテーマにしたシンポジウム開催や地方自治体と連携した利活用促進のセミナー、地域エコシステム構築を通して、社会実装や産業創造に向けて活動している。

各自治体と頻繁に情報交換を行う岩本氏は「ドローンや空飛ぶクルマの導入には、移動インフラを再構築する必要がある」と話す。一筋縄ではいかないその導入について、どんな課題があるのだろうか。

新しい乗り物は官が先導して整備を進めるべき

名倉　私は、世の中のビジネスはエッセンシャルワーク(1)か、そうでないものかに二分されると考えています。空飛ぶクルマやドローンは移動難民を救う、買い物難民を解消するといったエッセンシャルワークの文脈で語られます。ただ、地方行政において

1　日常生活の維持に不可欠な職業のこと。公共サービスでは、公務員・医療・介護福祉・教育など。生活インフラでは、ガス・水道・電気・通信・物流・農林水産業・金融・マスコミ・小売業など。

はその費用を捻出できるのか疑問です。一方で、経済や業界を拡大させるのはエッセンシャルワーク以外の仕事。それを踏まえると富裕層が頻繁に使えるようにすることを優先させたほうが、空飛ぶクルマは発展すると思うのですが、いかがでしょうか。

岩本　その感覚は正しいと思います。過去の新しい乗り物の歴史を振り返っても、例えば自動車は富裕層の玩具でした。しかし、1908年にT型フォード[1]の開発により一般層へ爆発的に普及しました。空飛ぶクルマも同じ道をたどる可能性が十分にあります。そのため空飛ぶクルマの活用を検討する行政の立場では、一般の人が「離島で使える、過疎地で使える」といった日常の移動での使い方を提示します。ただ、同時に「目指す社会のあり方」も議論する必要があるでしょう。

名倉　社会のあり方というのはどのようなことでしょうか。

岩本　現在の社会における移動インフラは早く安く効率的に、万人が利用できるように作られています。ところが人口減少社会となり、それを維持できないことがわかってきました。そこで、移動インフラをどう再構築し、どのような社会に構成し直すかを検討しなくてはいけない時期に来ていると思います。

名倉　検討の音頭を取るのは行政かと思います。その行政における空飛ぶクルマのインフラ整備の取り組みについては、どのような印象をお持ちですか。

1　大量生産システムによりコストダウンが実現。自動車を一般層でも購入しやすい価格で提供できるようにした。

岩本　現在は「バーティポートを法的にどう位置づけるか」といったルール作りが議論されています。誰が整備を主導するか、資金調達をどうするかという議論はまだこれからですが、実はこれを早く始めないとバーティポートなどインフラ整備が進みません。今は大阪・関西万博があり、色々な海外メーカーが日本を目指してくれますが、インフラ整備が進まないのなら、万博後に日本から撤退する可能性もあり得ます。

名倉　行政側の動きが鈍いのであれば、できるところから民間で整備を始めるという手もありそうです。

岩本　例えばかつて空港は最初に行政、つまり官が作り、円滑に運用できるようになったら民営化するという流れでした。現在では官がお金を出し、最初から民間に開発させるというやり方も出てきており、様々な選択肢があります。とはいえ過去の鉄道の事例然り[1]、新しい乗り物のインフラは、官が先導して推し進めないと、なかなか整備は進まないだろうと感じています。

名倉　地方自治体における空飛ぶクルマの導入に向けた動きはいかがですか。私は空飛ぶクルマの最初の利用方法として、まずeＵＬＰ[2]による遊覧飛行から始まるのではと考えています。

岩本　今後空飛ぶクルマが移動手段として社会実装されていくと、車窓から景色が見

1　日本における鉄道網の整備は、明治政府が物資や軍隊の迅速な輸送を実現するため進められた側面がある。１８７２年に新橋－横浜間で開業後、全国に路線網が広げられた。

2　１９８〜１９９ページ「空飛ぶクルマの機運醸成にeＵＬＰの活用を」を参照。

えるので遊覧ビジネスは成り立ちづらくなるでしょう。そうなると、遊覧ビジネスそのものには、景色以外の価値をどのように付与できるかという視点が重要になります。手軽に操縦できるeULPで、自由自在に風光明媚な場所を飛行することができれば、観光コンテンツになります。例えば愛媛県今治市は瀬戸内海と山々が織りなす景色がとても綺麗。そこで空飛ぶクルマを自分の手で飛行させられたら、魅力的なコンテンツになると思います。

名倉　移動方法として取り入れようとする動きはどうでしょうか。

岩本　関東地方では東京都が検討を進めていますが、その他の地域ではこれからといった印象です。各自治体が独自に取り組みを進めることも大事ですが、それ以上に広域連携も重要です。東京都内だけバーティポートを作ってもルートは限られてしまいます。それよりも1都7県に複数箇所ずつあれば、より大きな発展が望めます。各自治体では「どういう社会を作りたいか」という考えをもとに、自治体同士が連携して空飛ぶクルマの導入や、インフラ整備を進める必要があります。

名倉　かなり壮大な話になってきましたね。

岩本　実は空飛ぶクルマの導入は「観光政策・街づくり政策・移動政策の中に、空の利活用をどのように組み込むか」という観点で進める必要があります。空飛ぶクルマが提供する本質的な価値は「速く移動できることによって、新しい時間が創出されること」です。地方自治体が空飛ぶクルマを導入するなら、新しくやってくる時間のある人々にどんな価値を提供するか、そこまで考える必要があります。「空飛ぶクルマを実装したら人がたくさん来てくれる」とはなりません。

名倉 空飛ぶクルマで早く来られるようになっても、街中を楽しむコンテンツが何もなければ、滞在してもらえず、お金を落としてもらえなくなってしまうわけですね。

岩本 色々なものをセットで考えながら、空飛ぶクルマの意味ある規模での普及を目指すべきだと思います。でも、これこそ空飛ぶクルマビジネスの面白さでしょう。街づくりにまで至る大きなスケールで我々の生活に影響を与えるイノベーションは、他にありませんから。それに、これは国際競争力の問題にもなってきます。

名倉 最初の富裕層の話に戻れば、外国人旅行客が空港から都心やリゾートホテルへ、空飛ぶクルマで直接移動するようなことはすぐにでも実現しそうですね。

岩本 そうです。空飛ぶクルマが一般化した時代に、電車やバスしか空港アクセスがないようだと、移動時間がかかってしまうことが原因で、日本が選択されなくなることもあり得ます。危機感を持っておかなくてはいけません。

名倉 ちなみに金融大手のモルガン・スタンレーの試算では、空飛ぶクルマの世界市場の規模を2040年に150兆円以上と予測していますが、どう感じていますか。

岩本　第二次世界大戦後に移動手段が船から飛行機に進化したことで、グローバルな人の動きが爆発的に増えました。空飛ぶクルマが社会実装されることで、人の移動のあり方も船から飛行機に変わった時と同じように大きく変化します。それを踏まえれば、100兆円を超える市場に育つ見込みは十分にあります。

レベル4飛行を社会実装するためにも地上側の整備が必要

名倉　ここまで空飛ぶクルマを中心に伺いましたが、ドローンについてもお聞かせください。レベル4飛行における物流などの発展については、どう見込んでいますか。

岩本　ドローンの登場によって、空の活用に様々な可能性が拓かれたことは大きいです。レベル4飛行を社会実装するうえでは、バーティポートと同じように、ドローン離着陸場のような地上のインフラ整備や、1人のパイロットに対して多数のドローンの運航を実現するシステムの整備が望まれます。

名倉　インフラやシステムの整備で、社会全体にまだ改善の余地がありますね。

岩本　地上をこれ以上改良するのは限界があると思うんです。日本の多くの社会課題を根本的に解決するには、空を利用するぐらいダイナミックなことをするしかない。

そう考えた時に、ドローンという手軽に飛ばせるものがある。しかも日々進化している。それをいかに利用するかが、面白いところなのかなと思います。

名倉 最後に、今後のドローンや空飛ぶクルマの展望を教えてください。

岩本 今後、ドローンや空飛ぶクルマがある程度成熟していくことは間違いないでしょう。今の時点でもかなり開発が進み、注目を集めています。でも、まだ初期フェーズ。これからもっと人的リソースや資金が投じられていき、できることも広がっていくと見込んでいます。今後、日本は人口減少によって様々な社会課題に直面することがわかっているので、新しい技術を使って解決するしかありません。それにより、今描かれている悲観的なものとは違う未来像が手に入るでしょう。

名倉 私自身、次の世代により良い社会を残せたらと思い、ドローンや空飛ぶクルマのビジネスに取り組んでいます。

岩本 ビジネスの関わり方は多様だと思います。エンジニアとして空飛ぶクルマを作っても、デベロッパーとしてバーティポート整備に携わっても、行政で政策を考えても良い。空を使うことで色々な可能性が拓けていくことに、少しでも面白みを感じられるのなら、ぜひチャレンジしてほしいと思います。

名倉 私もチャレンジを続けます。ありがとうございました。

AirX
代表取締役

手塚究

空飛ぶクルマを体感してもらうことが重要

「移動手段が幸福も苦痛も生む」という考えのもと、新しい移動方法を考えた結果、空の利用に思い至った手塚氏。ヘリコプターと空飛ぶクルマ、それぞれの利点などを指摘してもらいながら、今後の展望を聞いた。

神奈川県海老名市出身。不便な公共交通に悩まされたことがきっかけで、大学時代に交通工学などを研究。その後、旅行会社などの顧客データを管理する企業での勤務を経て、2015年2月、AirXを設立。

富裕層における空の利用を促進し一般層に普及させる

名倉　御社ではすでにヘリコプターを使用して航空運送事業を行っている点が、他の空飛ぶクルマのメーカーとの大きな違いだと思います。それに加え、イーハンのEH216-Sも導入し、各種実証実験を実施。航空運送事業者の立場から、ヘリコプターと空飛ぶクルマの違いなどをどのように考えていますか。

手塚　空の利活用を進めようとしても、日本では現在のところ諸外国のようにヘリコプターが有効活用されていません。高額な利用料がネックになっていますが、我々としてはユーザーにリーズナブルに使っていただきつつ、企業として収益が挙げられるような仕組みを社会実装していきたいと考えています。ヘリコプターはすでに歴史を積み重ね、安全性が立証された乗り物なので、活かさない手はありません。それを踏まえたうえで、空飛ぶクルマとの違いは、まず音の大きさ。空飛ぶクルマのほうがローターから生じる音量を抑え、不快な音色にならないようにできると期待しています。

名倉　ヘリコプターも空飛ぶクルマも垂直離着陸が可能ですが、その点において空飛ぶクルマの有利さはありますか。

手塚　ヘリコプターは離着陸場への進入角度が決められていますが、空飛ぶクルマはその角度を緩和できると期待されています。離着陸できる場所が増えれば、ビジネスの機会やユーザーの利便性は確実に向上します。また、電動化も空飛ぶクルマの魅力です。ヘリコプターでも研究が進められていますが、有限とされる化石燃料を使用し続けることや、危険物である燃料を扱うというオペレーションを緩和する観点から、電動化には期待しています。ビジネスの採算性や柔軟性に大きな変化が起きるでしょう。

名倉　エネルギー効率や事業の収益化を考えると、明らかにヘリコプターのほうが有利ですよね。それでもヘリコプター、空飛ぶクルマ両方を手掛ける理由は何ですか。

手塚　事実として我が社ではヘリコプター事業を軸として育てています。空飛ぶクルマが本当に効率的なのかとか、国内で型式証明を取得できるのかといったことは、これからも検討を続けなくてはいけません。ただ、使用できる乗り物が増えることに対する期待感が、世論からも行政サイドからも高まっていると感じています。空飛ぶクルマの実証実験をもとにして、各方面で利用促進に向けた議論が進めば、我々のヘリコプター事業にもプラスのアイデアが跳ね返ってくるという期待もあります。

名倉　ＥＨ２１６－Ｓを選んだのはなぜですか。確かに飛行実績という点では世界でもトップクラスでしょう。ただ、中国メーカー製であり、今後、輸出規制の問題も起きるかもしれません。

手塚　ＥＨ２１６－Ｓはすでに自動操縦に対応している点が強みになっています。パイロットが操縦するのならヘリコプターで事足ります。しかし、今後の人口減少社会で人手不足が問題になるなかで、自動操縦は世の中を救うシステムになると考えていますので、先取って研究を進めている同機を採用しました。確かに中国とは、課題が厳しい方向で顕在化するおそれがあります。ただ、我々としては、空飛ぶクルマを社会実装するという目的で動いているので、すでにできあがっている機体を活用して、各関係機関と調整ができればと考えています。

名倉　私だったら、日本国内での製造を考え、イーハンにライセンス生産を提案します。そのほうが信頼度や機体の単価を上げられると思いますが、いかがですか。

手塚　製造を日本企業が担うメリットを出すことが重要だと思います。将来的に、国内で製造する必要性が高まり、他にメーカーがないような状況になれば検討しますが、我々の事業領域とは切り離して考えています。今後は製造だけでなく使用方法等も含め、限られた人材やリソースを有効活用しながら航空産業を盛り上げ、市場を作っていくことが重要です。そういう意味では、イーハンの機体に限らず、使用する用途に応じて、空飛ぶクルマとヘリコプターを使い分けていければと思います。

名倉　人材という点では、空飛ぶクルマでは自動操縦が可能でも、当初はパイロットの搭乗が求められます。パイロットの養成のためにはｅＵＬＰの活用を検討しても良いと考えていますが、どう考えますか。

手塚　間違いなくそうだなと思います。ｅＵＬＰを使用して空を飛行する際の作法であったり、もちろん法律面であったりを勉強することは、空飛ぶクルマのパイロットになる時に有効でしょう。現状ではまだ空飛ぶクルマのパイロットのライセンスについては検討されているところですから、最新情報を収集することが大切です。

名倉　パイロットの養成と並行して、人々の空飛ぶクルマに対する認知度も上げる必要があります。ＥＨ２１６-Ｓは、２０２３年2月に大分県で行われた日本初の有人屋外飛行や、同年6月の自動操縦による沖縄県伊平屋島～野甫島を結ぶ試験飛行などで積極的に使用されていますね。その結果、世の中の人々が「空飛ぶクルマって本当にできるんだ」と感じられる機会が増えていると思います。

手塚　そこは非常に重要だなと感じています。これだけ有名なヘリコプターでさえ、目の前で見たことがあるという人は少なく、ましてや乗ったことがある人はもっと少ない。そんな状態で空飛ぶクルマのことを話しても「未来の話でしょう」と思われてしまいます。そこで我々が所有する機体を彼らに見せて、なおかつ飛ばす。その姿を見た人たちからは、面白そうとか、自分も乗ってみたいといったポジティブなお声をいただけるので、実際に体感してもらうことが重要ですね。

名倉　そのお話を聞くと、すぐに飛ばせる機体を導入したというのも納得できます。実際、私も２０２３年7月に行われた「第９回 国際ドローン展」で実機を拝見し、これが飛ぶのは夢があるなと感じました。今後の御社のビジネスモデルとしては、観光を中心に考えられていますか。イーハン自体も、中国国内でホテルと提携するといった動きがあるようですね？

手塚 そうですね。ヘリコプターと同様のユースケースを想定しています。

名倉 当初はＶＩＰ層の利用が中心になりそうですが、多くの人々が使えるようにするために、御社ではどんな展望を描いていますか。

手塚 そもそも現在は、日本の富裕層でさえ移動に空を利用するという手段を想起しない状況です。まずは彼らの利用を促進して需要を増やし、それに伴い航空業界に従事する人々や機体が増やせれば、一般層にもサービスを広げていけると考えています。

名倉 その動きに合わせて、利用料を下げることも可能でしょうね。

手塚 もちろんです。その結果、空を身近に感じられるようになった子供たちが、成長して、いろんな産業で空を活用することを考えるようになってくれると嬉しいですね。空を飛んだ時の体験や思い出は一生ものですから。

名倉 ドローンも空飛ぶクルマも社会実装されていけば、子供たちが一層空を身近に感じられるようになりますね。本日はありがとうございました。

テトラ・アビエーション
代表取締役社長

中井佑

空飛ぶクルマ業界を1兆円マーケットに

個人のレクリエーションを目的とした機体開発を進めるテトラ・アビエーション。航空の本場・アメリカでの取り組みや、空飛ぶクルマ業界から見たドローン業界に対する期待について、語ってもらった。

学生時代はロケットに関する研究を手掛ける。2017年にアメリカ・ボーイング社が開催したコンテスト参加を契機に、空飛ぶクルマの研究・開発に転向。2018年6月にテトラ・アビエーションを設立した。

ユーザーに使い倒してもらえる機体開発を進める

名倉 御社の機体・Mk-5は1人乗りですね。1人乗りを開発した意図は?

中井 空飛ぶクルマの最初のマーケットが「1人でレクリエーションとして乗る人が多い」と想定しているからです。また、2人乗り以上に設計すると、安全性を高めるためのコストが大きくなってしまいます。それを抑え、必要最小限の装備にし、それでいてお客様に満足していただける製品を目指して、Mk-5を開発しました。

名倉　空飛ぶクルマビジネスがまず、人々がお金をかけやすい、エンターテインメントやレジャー、ホビーの方向で発展するというのは、私も同じ考えです。

中井　我々は「このマシンがほしい！」という個人のお客様に機体を購入していただき、使い倒してほしいと考えています。例えば「今日は自動車じゃなくて空飛ぶクルマで、福島のゴルフ場へ行くから」という話を仲間と交わすような、東北でビジネスをしている中小企業の社長さんが顧客イメージです。そのようなニーズを確認するため Mk-5を開発し、予約販売したところ、興味を持ち、実際に入金してくださったお客様がいらっしゃいました。そうした方たちが本当に喜ぶ機体を作ることが、我々にとって一番大事です。

名倉　私が御社を素晴らしいと感じる点は、アメリカを起点としてビジネスを展開しようと考えていること。御社が世界的に知られるようになったのは2020年以降の、アメリカにおけるコンペ受賞や展示会への出展[1]がきっかけかと思います。最初にFAAの型式証明を取得できれば、その後、日本の国土交通省での型式証明取得もスムーズに進みそうです。最短で実現できる方法を検討した結果、アメリカを選ばれたので

1　2021年には、アメリカ・ウィスコンシン州で開催される航空ショー「EAA・エアベンチャー・オシュコシュ2021」へ出展している。

すか。

中井　アメリカではエクスペリメンタル航空機(1)が浸透しています。コンペを通じて、我々が開発しているような特殊な機体の飛行許可を取得することに協力してくれる方とコネクションができたので、非常にスムーズに飛行試験まで進めました。これはアメリカで開発するメリットです。また、マーケットが最も大きいこともアメリカを選んだ理由の1つ。機体保有数が日本と比べておよそ100倍もあり、その分マーケットも巨大です。そこで勝負することが大事だと考えています。

名倉　まずはMk-5で成功事例を作り、ビジネスを軌道に載せることが肝心ですね。機体を大型化させるのは、その先の話ということで。

中井　我々としてはMk-5にレクリエーション性を持たせて開発しましたが、空飛ぶクルマとしての便利さも持たせたいと考え、航続距離を100㎞以上出せるように、固定翼を活用するリフト・クルーズタイプを採用しました。現在はこの研究成果を踏まえて、2025年の大阪・関西万博に向けて2人乗り機体を開発しています。

名倉　ぜひ大阪の空を飛ぶ姿が見てみたいですね。

中井　大阪・関西万博でデモフライトをしたいと考えています。そこで一般の方たちに、乗り心地を試してもらいたいのです。これを契機にして、2026年以降に我々

1　耐空証明を取得した実験機や練習機のこと。アメリカでは非管制空域であれば、自由に離着陸が可能。

の機体を体験できる場所を国内に作ることを想定しています。

名倉 ところで、御社は社名に「アビエーション（航空）」と入っていますが、今後、機体開発と並行して自社製機体を使って定期運航するといった、エアライン（航空会社）的な事業を展開する考えはありますか。

中井 まだはっきりとしていませんが、メーカーとしては「この機体をこのように運用することで、これだけの利益率となる」と実証することは必要だと考えています。我々だけでやることも考えられますが、もし「一緒にやりましょう」とおっしゃる方がいれば、拒む理由はありません。

名倉 機体の使用イメージを考えた場合、アメリカでは小型のセスナやヘリコプターが手頃な金額で普及しており、それらに取って代わりそうだと予想できます。日本では先程お話しされた趣味にお金が使える人がまずあり、その後に購入した機体を用いてビジネスを検討する人が出てくるでしょう。そのあたりの未来予想はありますか。

中井 プライベートだけでなく、機体を自社所有して送迎に使用したり、敷地内の監視に使ったりすることが考えられます。金融商品として投資し、機体をリースなどの運用に回して利益を得る方々が現れる未来もあると思います。また、将来2人乗り機体の開発が進めば、他の空飛ぶクルマと同様に、公共交通機関として導入される事例も増えるのでは。

名倉　公共交通機関で使う場合、２人乗りで対応できるものなのでしょうか。

中井　自動車の１台あたりにおける平均乗車人数は約1.3人といわれています。つまりほとんどの方が自動車に１人乗りしている状況なので、定員を２人とし、３人分以上の座席を確保する必要はないと考えています。

名倉　それだと、４人などグループで乗りたい時に不便では？

中井　もしグループで使用するのなら、乗り切れなかった時のタクシーのように、ぜひ必要な台数を予約していただき２人ずつに分乗してもらえればと思います。我々としては、空飛ぶクルマは現在都市部で展開されている自転車や電動キックボードのシェアリングサービスのように、利用者が免許なしでシェアして乗るようになると想定しています。

名倉　個人販売でなく、シェアリングサービスとしても空飛ぶクルマビジネスを展開できるという考えは、今後に向けて大きなヒントになりそうです。では、ドローンや空飛ぶクルマのビジネスに参入したい方たちに向けて、メッセージをいただけますか。

中井　私はドローン業界も空飛ぶクルマ業界も、どちらも未来があるビジネスと考えています。日本国内の空飛ぶクルマ業界については、２０３５年から２０４０年にかけて、約1万8000人を雇用し、1兆円ぐらいのマーケットに育てたいと考えており、その過程では、パイロットや機体整備など関連する職種の成長も必要になってきます。その点で、ドローン業界は重要です。まずは手が届きやすいドローンから参入し、機体の構造や空の利活用の仕方について、基礎知識や技術を身に付けていく。そしてイベント体験などを通じて、空飛ぶクルマ業界に触れ関心を高めていただけるといいなと考えています。それに、我々の機体の操縦方法は、ドローンのものをベースに学習しているんです。そんなところからも、ドローンと空飛ぶクルマが仲間であることを理解してもらえるのではないでしょうか。

名倉 ドローンに近い操縦方法ということであれば、空飛ぶクルマのスクールの教習機として使用することもできそうですね。

中井 2人乗り機体を使用すれば、生徒と教官が同乗して指導することもしやすくなるでしょう。トレーニング方法はアメリカのフライトスクールのほうで整備されていくのではと思います。ですから、我々もそういったノウハウをアメリカで5年ほど学び、それを日本に持ち帰って、2030年ごろから広げていけたらと思っています。

名倉 私も空飛ぶクルマのスクールには関心があり、2024年ごろから参入できればと考えています。ぜひ協業していきましょう。本日はありがとうございました。

識学
代表取締役社長

安藤広大

ドローンで何を代替するかを明確に

目標の数値化や、ルールにもとづき仕事を徹底的に仕組み化する「識学」。その考え方はドローンビジネスにも有効だ。識学の第一人者である安藤氏にその応用方法や、フラットな目線から業界の課題を聞いた。

NTTドコモ、ジェイコムホールディングスのジェイコム(現ライク)を経て、2015年に識学を設立。様々な分野のコンサルティングを行う。著書『リーダーの仮面』『数値化の鬼』『とにかく仕組み化』はシリーズ100万部を突破。

規制緩和を提案しつつも、規制の中で最善のビジネスを展開する

名倉　ドローンに対するニーズが高まっていることは日々感じていますが、すでに課題解決ビジネス[1]をしている人たちとのマッチングがうまくいっていないのが業界の現状です。安藤先生は様々な業界をご覧になっていますが、このような状態を打破する

1　社会的な課題の解決を目的としたビジネスのこと。社会的な課題とは少子高齢化による介護問題、環境保護など解決が急がれる問題などがあげられる。ソーシャルビジネスとも呼ばれる。

にはどんなアクションが必要と考えますか。

安藤 課題解決ビジネスの担当者に、ドローンでどんなことができるのか伝わっておらず、彼らの選択肢に入っていないのが問題では。インターネットやスマートフォンなどと同様に、ドローンはビジネスを展開するためのプラットフォームです。その上で何ができるかを鮮明にしていくことが大切です。

名倉 2022年12月の航空法改正により、パイロットの目が届かない範囲で人がいる場所の上空を飛行するレベル4飛行が解禁になるなど規制緩和が進み、ドローンでできることは増えつつあります。

安藤 新しい市場が立ち上がってきているわけですね。すでにドローン業界で動いている人たちは、それをもっと世の中に知らせていかなくてはならないでしょう。そして、そんな時には自由にビジネスができる環境を作り、規制緩和してできることを増やしていくことが重要。新しいビジネスを始めようとする人たちが事業を行いやすいプラットフォームが形成されればいいと考えます。

名倉 プラットフォームは、国土交通省や経済産業省が先導して整いつつあります。その上にビジネスコンテンツを作り社会に展開していけば、業界が盛り上がっていくと思います。とはいえ、医薬品や血液製剤を運ぶなど、ドローンは医療分野との関わりも深いのですが、同分野には非常に強い規制がまだ残されているのも現状です。

安藤　どんな業界にも規制はあり、それを嘆いても仕方がないので、まずはこの枠組みの中で最善のビジネスに取り組みましょう。とはいえ、識学の考え方では下の立場の人間が上の人間に情報を上げ続けることを推奨しています。同じように考えれば、ドローンビジネスを行ううえで、まだどんな規制があるのか情報を集めて、関連する分野の人たちと規制緩和を提案する動きも必要になるでしょう。規制がボトルネックになり発展を止めてしまう前に、民間から声をあげていっては。

名倉　今後必要な規制緩和とそれを提案する仲間作りは考えたいと思います。さて、安藤先生はどんな目標についても数値化することが重要であると提言されていますが、ドローンビジネスをするうえでは、どのような点に注意すれば良いでしょうか。

安藤　どんなビジネスでも一緒で、シンプルな数字を目標として設定することです。例えば、これから起業するなら必要なパイロットの人数を割り出して採用活動をしたり、スクールを経営するなら受講生の人数であったり、項目を絞り込んで数値化していくことが重要です。ドローンを使って世の中を便利にしていくビジネスに取り組むために、どんな数値化が必要か、よく検討してください。

名倉　ところで我々は、ドローンビジネスに挑戦する人たちは、これまでのキャリアや今いる業界で困っている分野にドローンを加えることで、自身のビジネスをアップデートさせようという考え方をしています。

安藤 それに加えて、自分が今取り組んでいるビジネスを、一度ちゃんと回しきった経験が必要でしょう。非常にシビアですが、会社経営やビジネスは組織運営がうまくできているほうが勝つようになっています。新規ビジネスも一緒で、ビジネスを一度ちゃんと回した人が、組織運営や仕組み化、数値化をしっかり行い取り組むことで勝ち筋が見えます。

名倉 我々は仲間を集めることが大切と考えていますが、組織運営や仕組み化も合わせて取り組むべきかと思います。また、安藤先生の著書『とにかく仕組み化』での「起業する理由はやむにやまれぬ事情があるから」という指摘も印象に残っています。ドローンビジネスは、まだ誰も手掛けていなかったり、のびしろがある分野だったりするからという事情のもとで立ち上げる人たちが多いです。どんなことに気をつけてビジネスを展開していくべきでしょうか。

安藤 「どのように社会を良くしたいのか」という強い思いを、やむにやまれぬと表現しています。ですから、自分たちがどう儲かるかより、いかにして世の中の人たちにベネフィット（利益・恩恵）を与えるのか、ドローンがないことによって苦しんでいる人たちを救うのかを忘れずにビジネスを立ち上げてほしいですね。

名倉　２０２４年問題を解決するためにドローン物流を活用するとか、空飛ぶクルマで急患を運ぶといった社会的な意義が大きいことに取り組むのが大切だと思います。ただ、社会的な意義だけでは、ビジネスの展開は難しくないですか。

安藤　経験的には、本当にニーズがあり、世の中のためになるのであれば、行政からでも利用者からでもお金は集まってくると感じています。

名倉　ちなみに近年ではドローンに限らず、電動キックボードやＡＩなど、新しいテクノロジーを活用した市場が次々に立ち上がっています。ここで成功するためには、どんなことに注力するべきだと考えますか。

安藤　何を代替するのか明確にすることです。電動キックボードはタクシーによる短距離移動やシェアサイクルという、ラストワンマイルの移動を代替するという明確な目的がありました。ドローンにしても、物流分野でトラックなどを代替する可能性があるのでは。そういったイメージがしやすい世界観が世の中にもっと広がれば、一気にお金が集まると思います。

名倉　やはり、もっとドローンでできることを世に広めていくことが必要ですね。ありがとうございました。